K-고속도로
세계를 점령하다

K-고속도로
세계를 점령하다

저자 **함 진 규**

아시안하이웨이(AH) 전체 노선도

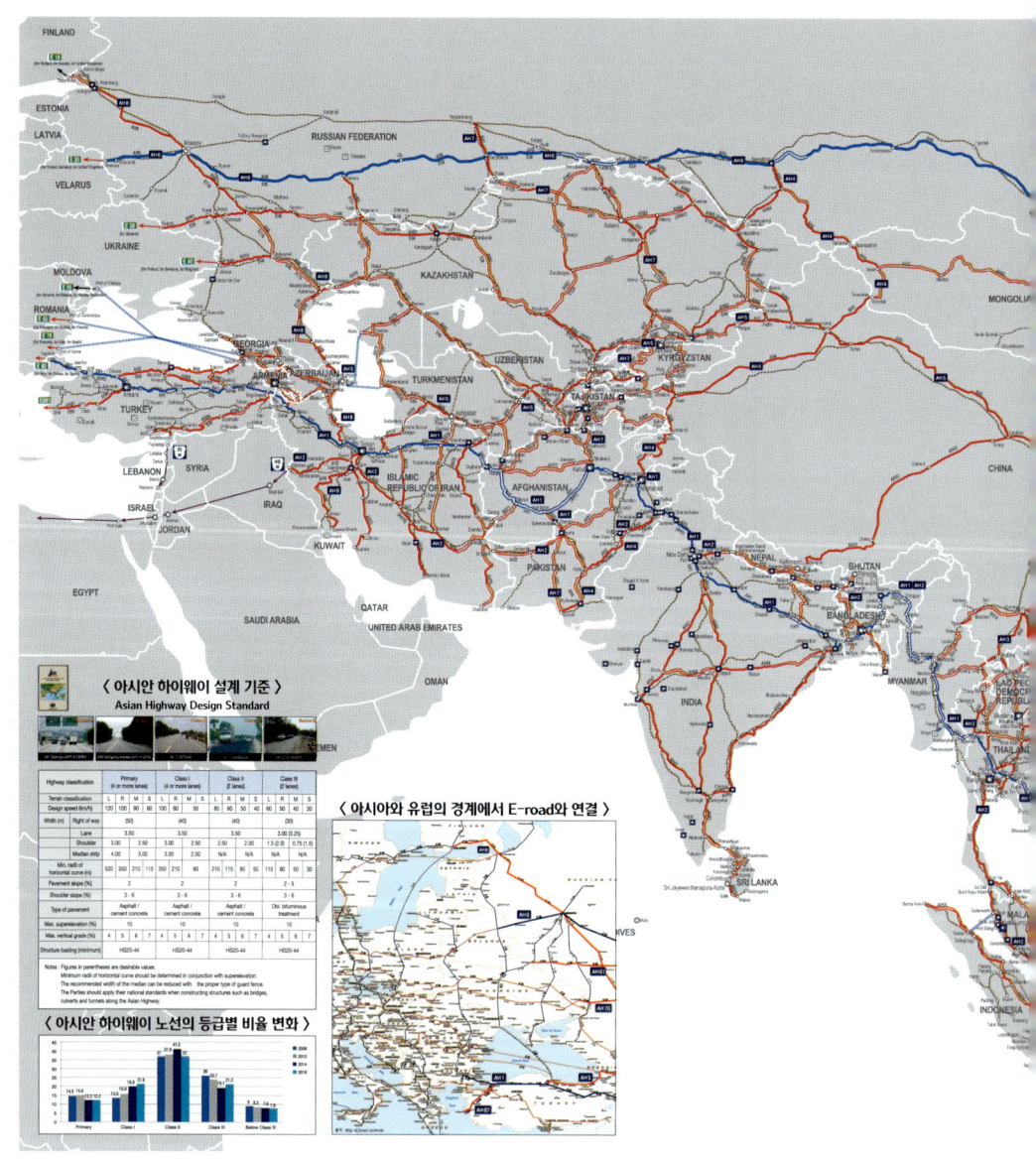

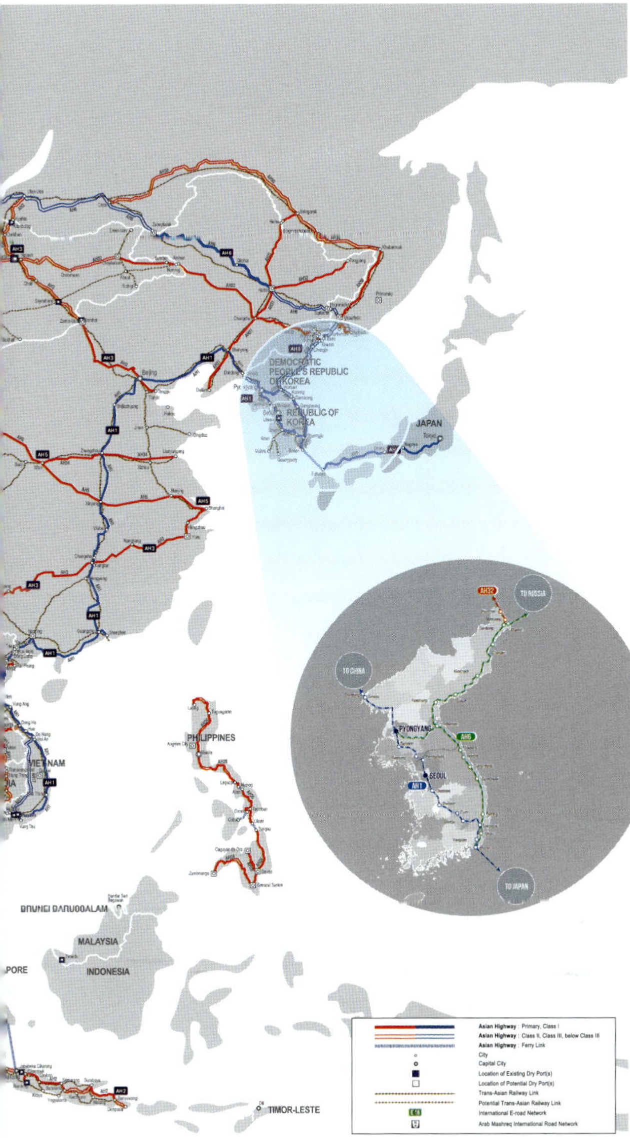

UNITED NATIONS
ESCAP
Economic and Social Commission for Asia and the Pacific

8개 간선노선 주요 경로

AH1 14개국 20,557km	일본 Tokyo – Fukuoka – 대한민국 Busan – Seoul – 북한 Pyongyang – Sinuiju – 중국 Beijing – Changsha – Xiangtan – Guangzhou – 베트남 Hanoi – Hochiminh – 캄보디아 Phnompenh – 태국 Bangkok – 미얀마 Yangon – 인도 Imphal – 방글라데시 Dhaka – 인도 Kolkata – New Delhi – 파키스탄 Islamabad – 아프가니스탄 Kabul – 이란 Tehran – 터키 Ankara – Istanbul – Kapikule ➡ 불가리아
AH2 10개국 13,177km	인도네시아 Denpasar – Surabaya – Jakarta – 싱가포르 – 말레이시아 Kuala Lumpur – 태국 Bangkok – Chiang Rai – 미얀마 Mandalay – 인도 Imphal – 방글라데시 Dhaka – Hatikamrul – 인도 Siliguri – 네팔 Mechi – Mahatali 인도 Delhi 파키스탄 Rulul – Quetta – 이란 Taftan – Khosravi
AH3 6개국 7,331km	러시아 Ulan-Ude – 몽골 Ulaanbaatar – 중국 Beijing – Tianjin – Shanghai – Xiangtan – Kunming – 라오스 Luang Namtha – 태국 Chiang Rai – 미얀마 Keng Tung
AH4 4개국 6,024km	러시아 Novosibirsk – 몽골 Hovd – 중국 Urumqi – Kashi – 파키스탄 Islamabad – Lahore – Karachi
AH5 8개국 10,380km	중국 Shanghai – Nanjing – Xi'an – Lanzhou – Urumqi – 카자흐스탄 Almaty – 키르키스탄 Bishkek – 우즈베키스탄 Tashkent – 투르크메니스탄 Ashgabat – Turkemenbashi – 아제르바이잔 Baku – 조지아 Tbilisi – 터키 Istanbul – Kapikule ➡ 불가리아
AH6 5개국 10,533km	대한민국 Busan – Gangneung – 북한 Hamhung – 러시아 Vladivostok – 중국 Harbin – 러시아 Irkutsk – Novosibirsk – Omsk – 카자흐스탄 Petropavl – 러시아 Chelyabinsk – Moscow – Krasnoye ➡ 벨라루스
AH7 7개국 5,868km	러시아 Yekaterinburg – Chelyabinsk – 카자흐스탄 Astana – 키르키스탄 Osh – 우즈베키스탄 Tashkent – 타지키스탄 Dushanbe – 아프가니스탄 Kabul – Kandahar – 파키스탄 Quetta – Karachi
AH8 3개국 4,907km	핀란드 ➡ 러시아 Torpynovka – St. Petersburg – Moscow – Astrakhan – Dagestan Rep. Mahachkala – 아제르바이잔 Baku – 이란 Tehran – Bander-e Emam Khomeyni

국가별 연장(km)

아프가니스탄(4,020)	말레이시아(1,673)*
아르메니아(966)	몽골(4,318)
아제르바이잔(1,465)	미얀마(4,525)
방글라데시(1,760)	네팔(1,313)
부탄(170)	파키스탄(5,328)
캄보디아(1,956)	필리핀(3,381)
중국(10,847)	대한민국(920)
조선민주주의인민공화국(1,462)	러시아(17,311)
조지아(1,101)	싱가포르(19)*
인도(11,901)	스리랑카(650)
인도네시아(4,091)	태국(5,540)
이란(11,134)	타지키스탄(1,912)
일본(1,138)	터키(5,262)
카자흐스탄(12,828)	투르크메니스탄(2,204)
키르기스스탄(1,763)	우즈베키스탄(2,966)
라오스(2,857)	베트남(3,121)

32 개국 / 145,302 km (예정 노선 15,400km 포함)
*협정 미서명(2개국)

〈한국도로공사 제공〉

아시안하이웨이 1호선(AH1), 6호선(AH6)

러시아

벨루루시

모스크바
크라스노예

러시아

AH6

AH6

옴스크

노보시비르스크

AH6

카자흐스탄

몽

불가리아

카파쿨레

앙카라

터키

AH1

테헤란

이란

아프가니스탄

카불

이슬라마바드

파키스탄

뉴델리

중국

인도

AH1

방글라데시

미얀마

양곤

태국

방콕

한반도를 종단하는 간선노선

AH1 의 기점은 도쿄(육로는 부산)

AH6 의 기점은 부산

▼ AH1 노선 주요 국가의 '도로품질(Quality of Roads)' 경쟁력

※ 총 138개국 조사 (만점 : 7점)

점수 (순위)	6.1 (5)	5.6 (14)	5.0 (28)	4.8 (39)	4.4 (51)	4.2 (60)	4.1 (68)	3.8 (77)	3.5 (89)	2.9 (113)	2.8 (123)	자료 없음
교통 SOC 전체순위	(5)	(10)	(48)	(42)	(68)	(49)	(59)	(116)	(79)	(114)	(35)	

자료 World Economic Forum, The Global Competitiveness Report 2016~2017

AH1, AH6 주요 통과 노선

AH1

일본	Shuto EXPY · Tomei EXPY · Meishin EXPY · Chugoku EXPY · Sanyo EXPY · Kyushu EXPY · Fukuoka EXPY
대한민국	Busan Met Rd71,11 · Gyeongbu EXPY · Seoul Met Rd41,21 · National Hwy1
북한	Pyongyang-Kaesong / Pyongyang-Hyangsan EXPY
중국	EXPY G11₁₃ · EXPY G4 · EXPY G7211
베트남	NATL Hwy1A · NATL Hwy22
캄보디아	NATL Hwy5 · NATL Hwy1
태국	NATL Hwy12 · NATL Hwy1 · NATL Hwy32 · NATL Hwy33
미얀마	NATL Hwy8 · NATL Hwy7
인도	NATL Hwy39 · NATL Hwy36 · NATL Hwy37 · NATL Hwy40 · NATL Hwy2
방글라데시	NATL Hwy2 · NATL Hwy1 · NATL Hwy8 · NATL Hwy805 · NATL Hwy806 · NATL Hwy706
파키스탄	Motorway M2 · NATL Hwy N5
아프가니스탄	Hwy1(A01)
이란	NATL Hwy97 · NATL Hwy44 · EXPY2 · NATL Hwy32
터키	State Rd D.100 · State Rd D.200 · Motorway O.4 · Motorway O.2 · Motorway O.3

AH6

대한민국	Busan Met Rd61 · NATL Hwy7 · Donghae EXPY · NATL Hwy7
북한	Wonsan Mount Kumgang / Pyongyang-Wonsan EXPY
러시아	NATL Hwy M60 · NATL Hwy A166 · NATL Hwy M55 · NATL Hwy M53 · NATL Hwy M51 · NATL Hwy M5 · NATL Hwy M1
중국	EXPY G10 · NATL Hwy301
카자흐스탄	NATL Hwy M51

아시안하이웨이
Asian Highway
AH6 7
한국·러시아(하산)·중국·카자흐스탄·러시아
Korea-Russia(Hasan)-China-Kazakhstan-Russia

아시안하이웨이
Asian Highway
AH1 1
일본·한국·중국·인도·터키
Japan-Korea-China-India-Turkey

한반도 아시안하이웨이 노선 AH1, AH6, AH32

TO RUSSIA

AH32

Hunchun
Wonjong
Sonbong
Khasan

Chongjin

TO CHINA

Kimchack

Dandong Sinuiju

Hamhung Sinpo

Wonsan

PYONGYANG

AH6

Sariwon

Goseong

Gaesung Panmunjom

Sokcho

Gangneung

SEOUL

Samcheok

AH1

Cheonan

Daejeon

Gumi Pohang

Daegu Gyeongju

Ulsan

Yangsan

Busan

TO JAPAN

ASIAN HIGHWAY

간선 **2**　지선 **1**

한반도 내 AH 노선

[종단 간선]　AH1　[북·중·러 접경 지선]　AH32

AH6

한반도 구간 총길이 2,382 km(AH 전체의 1.6%)

남 南 **920km**　　북 北 **1,462km**
(전체의 0.6%)　　　　　(전체의 1%)

한반도를 3개국(중국/러시아/일본)과 연결

북 北　AH1 → 중국 / AH6 → 러시아 / AH32 → 중국
남 南　AH1 → 일본　※ 해상 페리

중국

한반도

러시아　일본

AH1　평양개성고속도로 수곡휴게소 부근

AH6　동해고속도로 AH기념물(조감도)

AH1　경부고속도로 판교IC 부근

〈한국도로공사 제공〉

대한민국 구간 AH1, AH6 노선

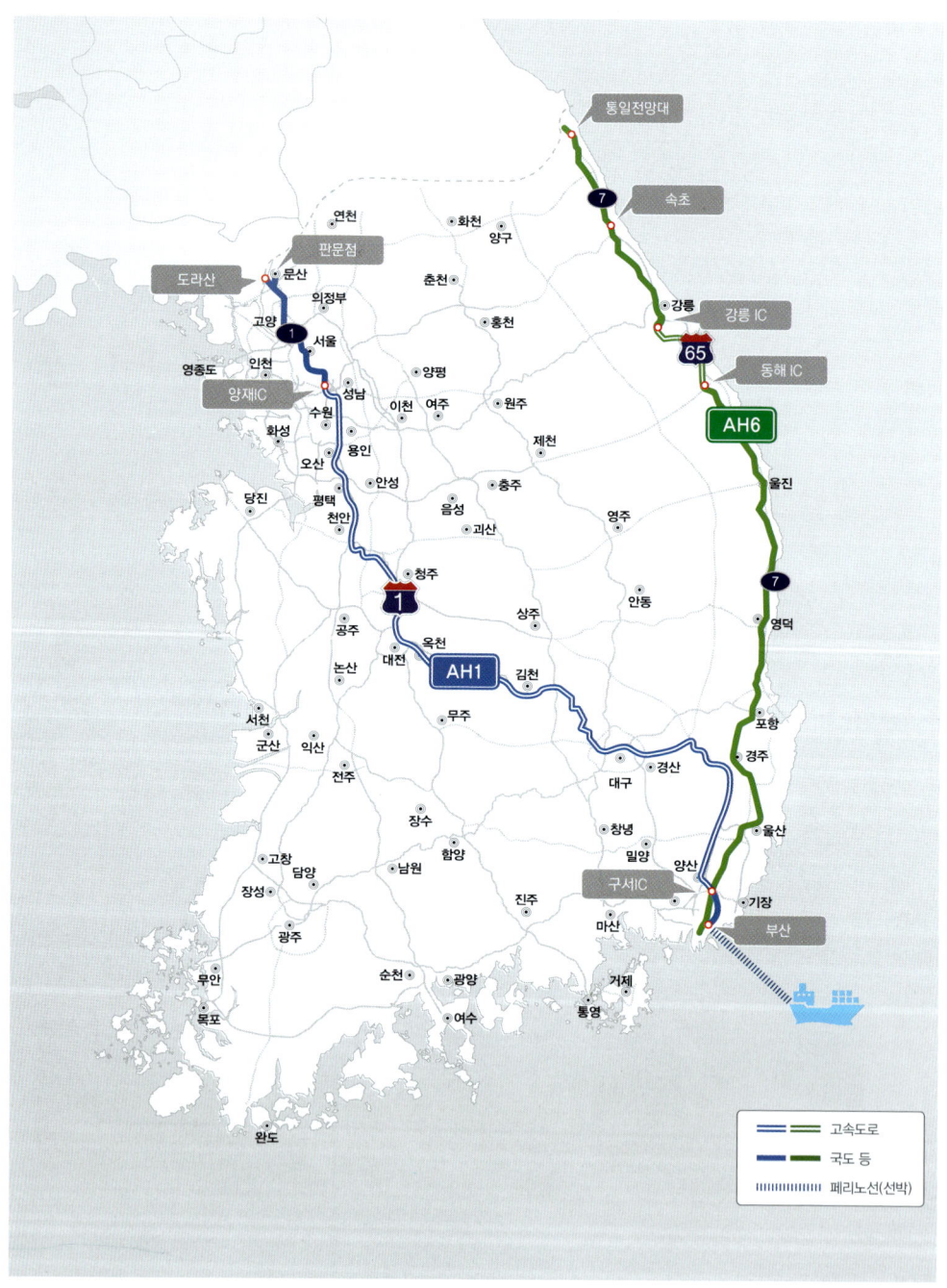

〈한국도로공사 제공〉

아시안하이웨이 1호선(AH1) : 서울 통과 구간

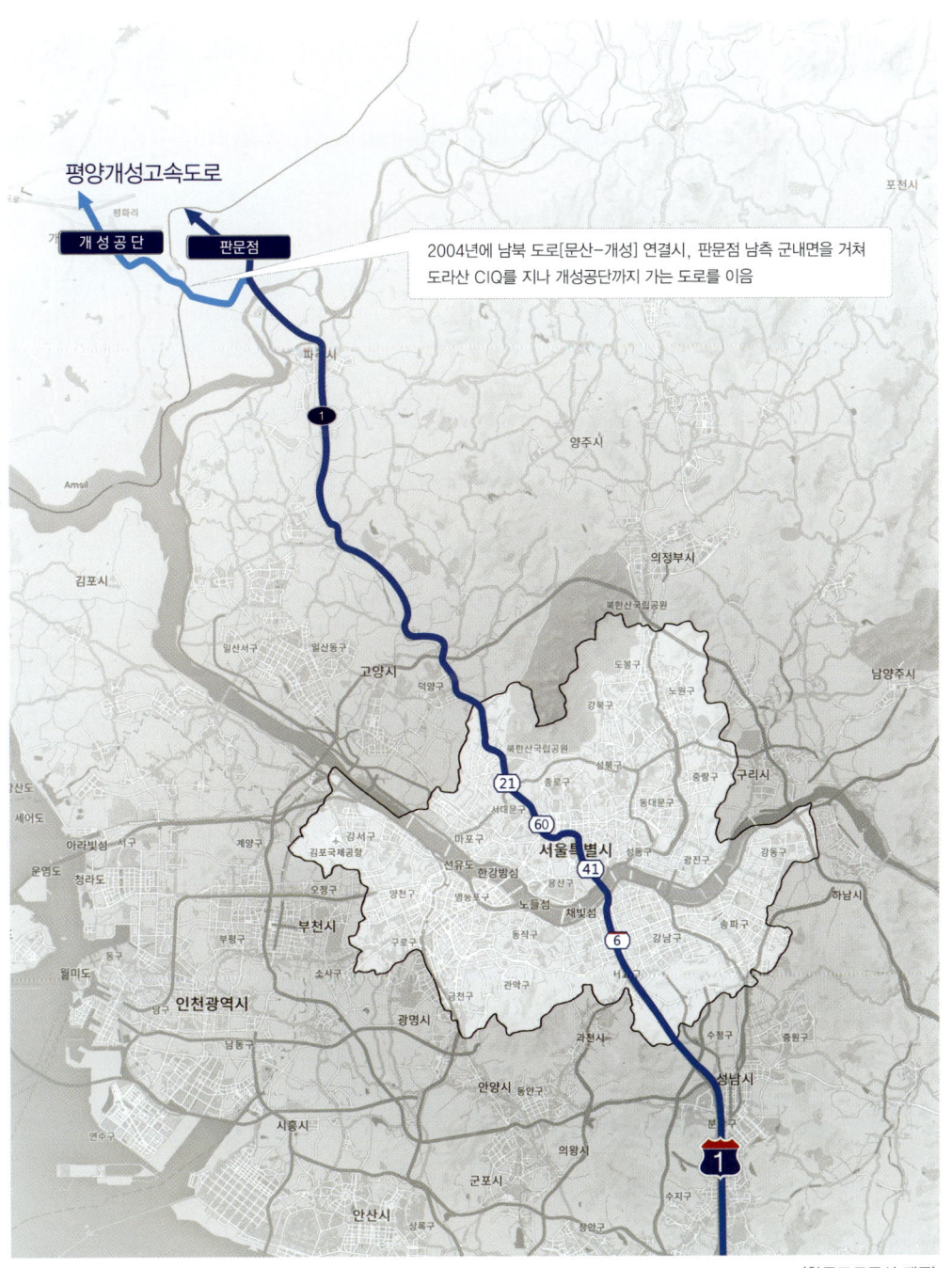

2004년에 남북 도로[문산−개성] 연결시, 판문점 남측 군내면을 거쳐 도라산 CIQ를 지나 개성공단까지 가는 도로를 이음

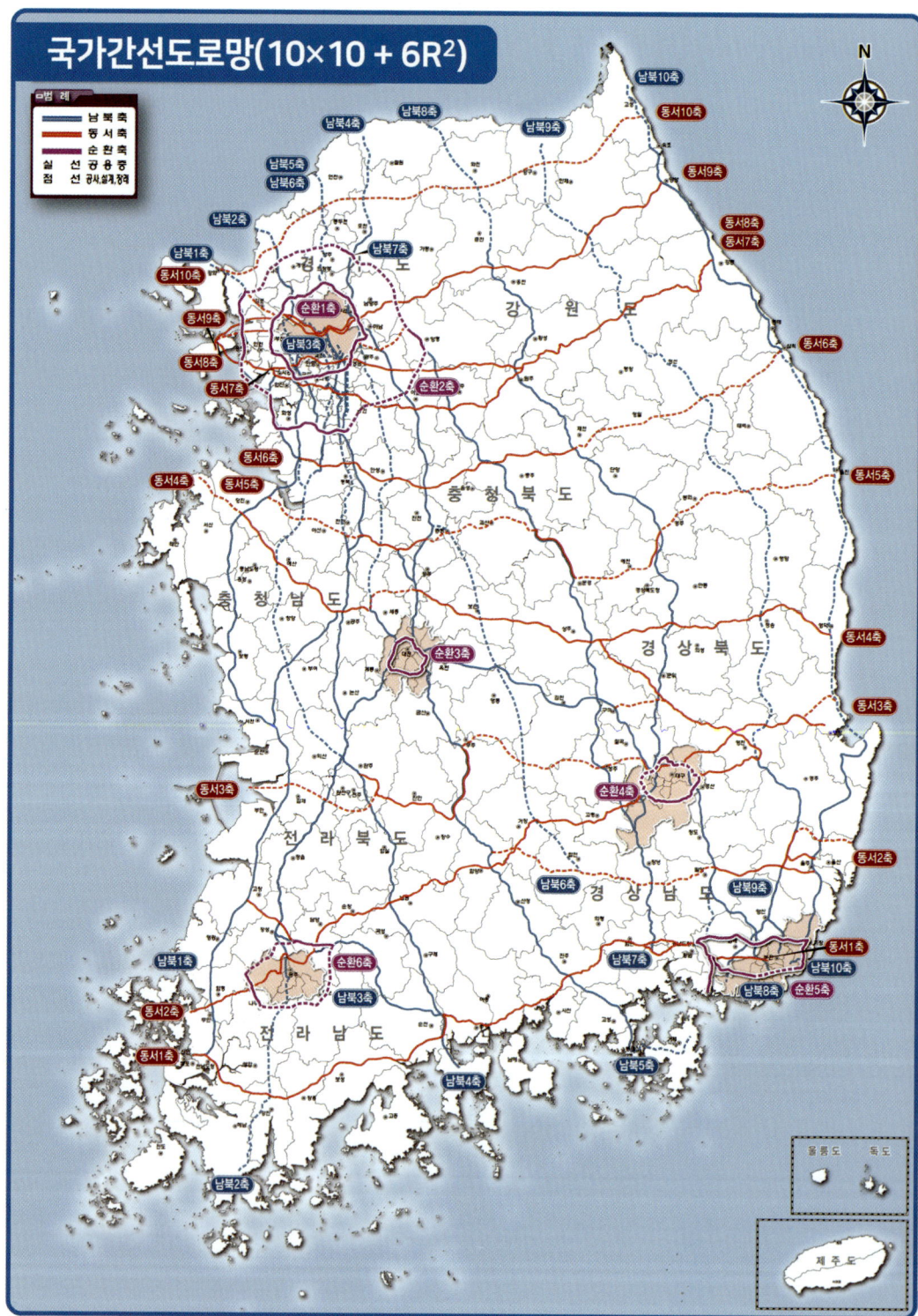

국가간선도로망(10×10 + 6R²)

범례
- ── 남북축
- ── 동서축
- ── 순환축
- 실 선 공용중
- 점 선 공사,설계,정비

N

남북10축
동서10축
남북8축
남북9축
남북4축
동서9축
남북5축
남북6축
동서8축
동서7축
남북2축
남북7축
남북1축
동서10축
경기도
동서9축
순환1축
강원도
동서8축
남북3축
동서6축
동서7축
순환2축
동서6축
동서4축
동서5축
충청북도
동서5축
순환3축
경상북도
동서4축
충청남도
동서3축
동서3축
순환4축
전라북도
동서2축
남북6축
남북9축
동서2축
경상남도
남북1축
순환6축
남북7축
동서1축
순환5축
남북10축
동서2축
남북3축
남북8축
전라남도
동서1축
남북4축
남북5축
남북2축

울릉도 독도

제주도

〈한국도로공사 제공〉

CONTENTS

프롤로그
대한민국 고속도로 63년의 기록

1968년 12월 21일, 서울과 인천 사이에 폭 7.5미터짜리 아스팔트 띠가 깔렸다. 13.4km. 건설비 31억 5천만 원. 대한민국 최초의 고속도로 경인선이었다. 그 전까지 인천항에서 서울로 물자를 실어 나르려면 비포장 국도 위에서 두 시간을 견뎌야 했다. 개통 이튿날부터 그 시간은 42분으로 줄었다. 빨라진 것은 차량만이 아니었다. 1961년 64만 톤이던 인천항 물동량은 1970년 768만 톤으로 뛰었고, 경인공업지역은 수도권 제조업의 심장으로 자리를 잡았다. 이 좁은 길 하나가 대한민국의 시간과 공간을 다시 설계했다.

56년이 지난 2024년 2월 7일, 수도권제2순환선 화도-조안 구간이 개통되었다. 이날 대한민국 고속도로 총연장은 5,000km를 넘어섰다. 13.4km에서 5,000km까지, 그 사이에 놓인 것은 비단 콘크리트와 아스팔트만이 아니다. 그것은 한 나라가 자기 운명을 바꾸기 위해 땅 위에 새긴 의지의 총량이다.

이 책은 그 의지의 기록이다.

경부고속도로를 빼놓고 대한민국 경제발전의 역사를 말할 수 있는가? 1964년 서독을 방문한 박정희 대통령이 본에서 쾰른까지 아우토반을 달리며 품은 구상은, 불과 4년 뒤 서울-부산 428km의 설계도가 되었다. 429억 7천만 원의 건설비, 29개월의 공기, 그리고 77명의 희생. 완공 직후 2년간 발생한 경제적 편익이 305억 원, 이후 50년간 누적 편익은 약 245조 원에 달한다. 이 도로가 없었다면 '한강의 기적'이라는 말은 존재하지 않았을 것이다.

고속도로의 연장사(延長史)는 대한민국 산업사의 축약판이기도 하다. 1973년 호남남해선이 전주에서 부산까지 연결되며 총연장 1,000km를 넘긴 해, 우리는 경공업에서 중화학 공업으로 체질을 전환하고 있었다. 서울외곽순환선이 완성되어 2,000km 시대를 연 1999년은 IMF 외환위기를 딛고 IT 강국으로 도약하던 해였다. 민자고속도로가 본격 등장하며 3,000km를 돌파한 2007년, 우리 경제는 서비스산업과 글로벌 공급망 속에서 새로운 위상을 찾고 있었다. 4,000km(2012년), 그리고 5,000km(2024년)에 이르기까지, 고속도로가 한 구간씩 늘어날 때마다 대한민국의 경제 지형은 함께 바뀌어 왔다.

  오늘 우리에게는 44개 노선, 5,320km의 고속도로망이 있다. 국가재정으로 건설한 36개 노선과 민간 자본이 참여한 14개 노선. 국토의 어느 곳에서든 30분 이내에 고속도로에 진입할 수 있는 나라. 이것은 세계적으로도 손꼽히는 도로 인프라 밀도다.

  그러나 길은 깔리는 순간부터 늙기 시작한다. 개통 30년을 넘긴 노선이 빠르게 늘어나고 있다. 포장은 갈라지고, 교량은 피로가 쌓이며, 터널은 새로운 안전 기준을 요구한다. 고속도로 5,000km 시대의 진짜 과제는 새 길을 놓는 것이 아니라, 이미 놓인 길을 어떻게 다시 살릴 것인가에 있다. AI와 IoT 기반의 스마트 관리 체계, 전면 리모델링이라는 개념이 낯설지 않은 시대가 되었다.

  동시에 고속도로의 의미 자체가 변하고 있다. 한국도로공사는 2023년

카카오모빌리티와 MaaS(통합 모빌리티 서비스) 시범사업에 착수했고, 경북도와 함께 도심항공교통(UAM) 기반 구축에 나섰다. 2025년에는 수원에서 ITS 아태총회를, 고양에서 아시아·태평양 도로대회를 개최하며 한국형 교통 기술을 세계에 소개했다. 카자흐스탄 알마티에서는 한국 최초의 해외 도로 운영·유지관리(O&M) 사업을 성공적으로 완수했다. 아스팔트를 깔던 조직이 데이터를 설계하고 하늘길을 여는 조직으로, 국내 건설에 머물던 역량이 유라시아 대륙으로 뻗어나가고 있는 것이다. 이 책의 제목 'K-고속도로 세계를 점령하다'는 바로 이 전환의 선언이다.

이 책의 앞머리에 실린 아시안 하이웨이 지도를 먼저 펼쳐보시기 바란다. 부산에서 출발한 도로가 서울을 지나 평양을 거쳐 중국, 중앙아시아, 유럽으로 이어지는 선이 보일 것이다. 고속도로는 한반도 안에서 끝나는 것이 아니라 대륙과 세계로 연결되는 관문이다. 국가 간선도로망 지도와 함께 보면, 44개 노선 하나하나가 이 거대한 네트워크의 국내 구간임을 알 수 있다.

1장에서는 1962년부터 2025년까지 63년에 걸친 고속도로의 주요 연혁과 전체 노선 현황을 정리했다. 시대별로 어떤 필요가 어떤 길을 만들었는지, 그 흐름을 한눈에 조망할 수 있을 것이다. 2장에서는 44개 노선 각각의 탄생 배경, 건설 경위, 그리고 국민의 삶에 가져온 변화를 소개한다. 경인선의 첫 삽에서 2025년 새만금포항선 개통까지, 모든 노선에는 저마다의 역사와 사연이 있다. 3장과 4장에는 필자가 한국도로공사 사장으로 재임하며 현장에서 남긴 주요 연설문과 언론 기고문을 실었다. 5,000km 달성의 감격, 노후화 대응의 절박함, 해외 진출의 보람, 교통안전과 탄소중립을 향한 약속이 그 안에 담겨 있다. 과거의 기록이 1장과 2장이라면, 3장과 4장은 현재 진행형의 목소리다.

고속도로에는 내비게이션이 안내하지 않는 길이 있다. 그 길을 만들기 위해 흘린 땀, 그 길이 바꿔놓은 삶, 그 길이 향하고 있는 미래. 이 책은 그 보이지 않는 길의 안내서다. 독자 여러분이 이 책을 덮는 순간, "나는 지금 어디에 있나?"라는 물음에 스스로 답할 수 있기를 바란다.

우리는 지금, 세계를 향해 달리고 있다.

2026년 2월

함진규

K-고속도로
일반 현황

1 주요 연혁(1962~2025년)

1967. 03. 24.	경인선 서울~인천 29.5km 착공
1968. 02. 01.	경부선 서울~오산 45.5km 착공
1968. 04. 03.	경부선 오산~천안 38.1km, 천안~대전 68.8km 착공
1968. 09. 11.	경부선 대구~부산 122.8km 착공
1968. 12. 21.	경부선 서울~수원 24.0km 개통, 경인선 서울~가좌 23.5km 개통
1968. 12. 30.	경부선 수원~오산 21.5km 개통
1969. 01. 14.	경부선 대전~대구 152.8km 착공
1969. 02. 15.	한국도로공사 창립, 경부선 서울~오산 45.5km / 경인선 서울-인천 29.5km 인수관리
1969. 07. 21.	경인선 가좌~인천 6km 개통
1969. 09. 29.	경부선 오산~천안 개통(38.1km, 1968. 4. 3 착공)
1969. 12. 10.	경부선 천안~대전 개통(68.8km, 1968. 4. 3 착공)
1969. 12. 29.	경부선 대구~부산 개통(122.8km, 1968. 9. 11 착공), 언양~울산 고속도로 개통(14.3km, 1969. 6. 20 착공, 현 울산선)
1970. 07. 07.	경부선 대전~대구 개통(152.8km, 1969. 1. 14 착공), 경부선 428km 전 구간 개통
1970. 12. 30.	호남선 대전~전주 개통(79.5km, 1970. 4. 15 착공)
1971. 01. 01.	최초의 휴게소 개설(추풍령 상·하)
1971. 12. 01.	영동선 신갈~새말 개통(104km, 1971. 3. 24. 착공)
1973. 04. 19.	경인선 인천항구간 개통(0.484km, 1971. 6. 6 착공)
1973. 11. 14.	호남남해선 전주~부산 개통(348.8km, 1972. 1. 10 착공) ※ 고속도로 1,000km 시대 개막
1975. 10. 14.	영동선 새말~강릉 97km 개통, 동해선 강릉~동해 30km 개통(1974. 3. 26 착공)
1977. 12. 17.	구마선 개통(84.2km, 1976. 6. 24 착공)
1981. 09. 04.	남해2지선 부산~냉정 20.6km 개통, 남해선 마산~냉정 22.9km 확장 개통(1978. 5. 22 착공)

1983. 12. 23.	남해선 동마산~내서 확장 개통(8.5km, 1982. 4. 22 착공)
1984. 06. 27.	88올림픽선 개통(175.3km, 1981. 10. 1 착공), 구마선 대구~이현 확장 개통(2.1km, 1982. 9. 1 착공)
1984. 12. 21.	남해선 내서~신산리 확장 개통(4.4km, 1983. 7. 30 착공)
1985. 08. 26.	호남선 서대전~논산 확장 개통(29km, 1983. 4. 25 착공)
1985. 09. 14.	호남선 회덕~서대전 확장 개통(19.5km, 1983. 8. 4 착공)
1986. 06. 30.	호남선 논산~전주 확장 개통(31km, 1984. 5. 4 착공)
1986. 09. 11.	호남선 광주~전주 확장 개통(91.2km, 1984. 5. 4 착공)
1986. 11. 24.	남해선 상문~중촌리 확장 개통(3.7km, 1984. 8. 10 착공)
1986. 12. 24.	구마선 이현~옥포 확장 개통(12.5km, 1984. 10. 30 착공)
1987. 12. 03.	경부선 남이~회덕 확장 개통(21.7km, 1985. 4. 19 착공), 중부선 개통(123.6km, 1985. 5. 17 착공)
1989. 06. 01.	호남선 광주~고서 확장 개통(9.9km, 1987. 3. 23 착공)
1989. 09. 07.	남해선 마산~진주 확상 개통(45.9km, 1986. 10. 31 착공)
1991. 11. 29.	서울외곽순환선 판교~구리 개통(23.5km, 1988. 2. 16 착공), 신갈~안산 고속도로 개통(23.2km, 1988. 2. 16 착공)
1992. 07. 14.	경부선 양재~수원 확장 개통(18.5km, 1989. 9. 23 착공), 경인선 신월~부평 확장 개통(11.7km, 1989. 9. 23 착공)
1992. 11. 13.	남해선 진주~광양 확장 개통(50.5km, 1989. 10. 13 착공)
1992. 12. 11.	서울외곽순환선 구리IC 개통(2.3km, 1990. 8. 20 착공)
1993. 07. 07.	경부선 수원~청원 확장 개통(100.1km, 1991. 5. 13 착공)
1993. 07. 19.	국내 최초 4차로 청계터널 개통(1991. 12. 20 착공)
1993. 09. 04.	경인선 부평~서인천 확장 개통(1.8km, 1992. 6. 24 착공)
1993. 12. 16.	남해선 광양~순천 확장 개통(8.1km, 1991. 10. 21 착공)
1993. 12. 31.	서울외곽순환선 구리~퇴계원 개통(2.7km, 1991. 7. 26 착공)
1994. 07. 06.	서해안선 인천~안산 개통(27.6km, 1990. 12. 19 착공), 제2경인선 서창~광명 개통(10.8km, 1990. 12. 19 착공)
1994. 12. 12.	영동선 만종JCT 준공(2km, 1989. 10. 18 착공), 영동선 신갈~원주 확장 개통(77km, 1991. 9. 30 착공)
1994. 12. 15.	중앙선 대구~칠곡 개통(6.1km, 1989. 10. 18 착공)
1995. 07. 20.	서울외곽순환선 판교~학의 개통(8.8km, 1991. 12. 20 착공)
1995. 08. 29.	중앙선 대구~안동 85.9km, 제천~원주 36.3km 개통, 홍천~춘천 25.2km 개통(1989. 10. 18 착공)
1995. 09. 07.	경부선 반포~양재 확장 개통(5.2km, 1992. 5. 1 착공)
1995. 11. 07.	구마선 옥포~창녕 확장 개통(29.9km, 1991. 10. 30 착공)
1995. 12. 27.	구마선 창녕~내서 확장 개통(34.4km, 1992. 12. 3 착공) 남해제3지선 하동~동광양 개통(7.5km, 1991. 10. 9 착공)

1995. 12. 28.	일직~안산 개통(9.1km, 1991. 12. 29 착공, 현 서해안선) 서울외곽순환선 학의~평촌 개통(5.3km, 1992. 5. 29 착공) 제2경인선 광명~석수 개통(4.7km, 1992. 5. 19 착공)
1996. 05. 01.	중앙선지선 양산~남양산 개통(2km, 1991. 7. 26 착공)
1996. 06. 28.	남해선 냉정~구포 확장 개통(22.2km, 1991.10.30. 착공), 중앙선 대동~대저 8.8km, 중앙선지선 남양산~대동 7.5km 개통 (1991. 12. 2 착공)
1996. 10. 22.	영동선 신갈~마성 강릉방면 부가차로 개통(3.6km, 1996. 2. 26 착공)
1996. 10. 31.	서울외곽순환선 평촌~산본 개통(1.8km, 1992. 5. 29 착공)
1996. 11. 08.	호남선 고서~순천 확장 개통(71.4km, 1992. 11. 9 착공)
1996. 12. 17.	서해안선 안산~안중 개통(42.7km, 1993. 12. 17 착공)
1996. 12. 20.	통영대전선 서진주~진주 개통(7.8km, 1992. 3. 16 착공)
1997. 11. 03.	서울외곽순환선 김포~일산, 김포대교 개통(3.5km, 1992. 12. 29 착공)
1997. 12. 20.	영동선 원주~새말 확장 개통(18.7km, 1994. 10. 21 착공)
1998. 06. 10.	중앙선 만종분기점~남원주IC 확장 개통(3.9km, 1996. 3. 28 착공)
1998. 07. 24.	서울외곽순환선 장수~서운 개통(8km, 1994. 6. 20 착공)
1998. 08. 25.	서해안선 무안~목포 개통(23.2km, 1993. 12. 28 착공)
1998. 09. 30.	경부선 청원~회덕 확장 개통(14.3km, 1994. 10. 21 착공)
1998. 10. 22.	통영대전선 함양~진주 개통(58km, 1994. 12. 22 착공)
1998. 10. 30.	서해안선 서천~군산 개통(22.7km, 1994. 10. 21 착공), 서해안선 군산~동군 개통(7.4km, 1993. 12. 18 착공)
1998. 11. 25.	서울-일직 개통(5.2km, 1991. 12. 19 착공, 현재 서해안선)
1998. 12. 02.	경인선 서인천~도화 확장 개통(6.8km, 1994. 10. 21 착공)
1998. 12. 26.	서해안선 송악~당진 개통(7.2km, 1995. 8. 10 착공)
1999. 07. 01.	중앙선 구포~서부산 개통(3.9km, 1995. 7. 10 착공)
1999. 09. 06.	경부선 회덕~증약 확장 개통(14.7km, 1995. 12. 18 착공), 대전남부순환선 판암~비룡 개통(3.3km, 1993. 12. 28 착공)
1999. 09. 16.	중앙선 안동~영주 개통(25.5km, 1995. 12. 26 착공)
1999. 11. 26.	서울외곽순환선 안양~장수(21.3km), 서운~김포(7.8km) 개통 (1992. 5. 19 착공) ※ 고속도로 2,000km 시대 개막
2000. 06. 01.	중앙선 영주~풍기 개통(9.5km, 1995. 12. 26 착공)
2000. 07. 22.	영동선 월정~횡계 확장 개통(10.1km, 1996. 7. 30 착공)
2000. 11. 10.	서해안선 서해대교 개통(9.4km, 1993. 11. 8 착공), 서해안선 안중~당진 개통(18.8km, 1995. 8. 10 착공)
2000. 11. 20.	인천국제공항선(민자) 개통(40.2km, 1995. 12. 7 착공)

2000. 12. 22.	대전남부순환선 서대전~판암 개통(18.4km, 1995. 12. 21 착공), 통영대전선 대전~무주 개통(42.6km, 1995. 12. 23 착공)
2001. 08. 17.	중앙선 원주~홍천 개통(42.5km, 1996. 3. 28 착공)
2001. 09. 27.	서해안선 당진~서천 개통(103.7km, 1996. 12. 27 착공)
2001. 09. 28.	중부내륙선 상주~김천 개통(32.1km, 1997. 10. 22 착공)
2001. 11. 08.	남해선 산인-북창원-창원 개통(17.2km), 창원~냉정 확장 개통(16.7km, 1996. 3. 26 착공)
2001. 11. 21.	통영대전선 함양~무주 개통(59.4km, 1995. 12. 23 착공)
2001. 11. 28.	영동선 새말~강릉 확장 개통(94km, 1995. 8. 5 착공), 동해선 강릉~주문진 개통(20km, 1996. 12. 27 착공)
2001. 11. 29.	제2중부선 하남~호법 개통(41.7km, 1997. 8. 27 착공)
2001. 12. 14.	중앙선 풍기~제천 개통(51.2km, 1995. 12. 26 착공)
2001. 12. 21.	서해안선 군산~무안 개통(113.3km, 1998. 4. 30 착공)
2002. 09. 17.	서울외곽순환선 판교~하남 확장 개통(10.3km, 1997. 12. 22 착공)
2002. 12. 05.	경부선 천안IC~JCT 확장 개통(7.7km, 2000. 3. 1 착공)
2002. 12. 12.	평택제천선 평택~안성 개통(26.6km, 1997. 12. 22 착공)
2002. 12. 20.	서울외곽순환선 하남~퇴계원 확장 개통(15km, 1997. 4. 7 착공), 중부내륙선 여주~충주 개통(41km, 1997. 4. 16 착공)
2002. 12. 23.	논산천안선(민자) 개통(81km, 1997. 12. 26 착공)
2003. 12. 30.	경부선 구미~동대구 확장 개통(60.8km, 1997. 12. 29 착공)
2004. 01. 16.	중부내륙선 상주~북상주 개통(12.7km, 1997. 4. 16 착공)
2004. 07. 15.	중부내륙선 충주~괴산 개통(14.9km, 1997. 4. 16 착공)
2004. 11. 24.	동해선 강릉~동해 확장 개통(41km, 2000. 3. 23 착공), 동해선 동해~주문진 개통(60.7km, 1998. 7. 24 착공)
2004. 12. 07.	익산포항선 대구~포항 개통(69.4km, 1998. 4. 30 착공)
2004. 12. 15.	중부내륙선 북상주~괴산 개통(50.3km, 1997. 4. 16 착공)
2005. 12. 12.	통영대전선 통영~진주 개통(47.9km, 1997. 5. 12 착공)
2005. 12. 14.	경부선 부산~언양 확장 개통(40.5km, 2001. 12. 7 착공)
2006. 02. 12.	부산대구선 전 구간 개통(82.05km, 2001. 2. 12 착공)
2006. 11. 08.	경부선 동대구~영천 확장 개통(25.8km, 2001. 11. 6 착공)
2006. 12. 07.	고창담양선 장성~담양 개통(25.3km, 2001. 5. 10 착공)
2006. 12. 13.	경부선 영농~구미 확장 개통(47.3km, 2002. 7. 5 착공)
2007. 11. 09.	무안광주선 무안~나주 개통(30.4km, 2002. 12. 24 착공)
2007. 11. 28.	당진영덕선 청원~상주 개통(80.5km, 2001. 9. 17 착공)
2007. 11. 30.	중부내륙선 현풍~김천 개통(62.0km, 2001. 12. 28 착공)
2007. 12. 13.	고창담양선 고창~장성 개통(17.2km, 2002. 12. 30 착공), 익산포항선 익산~장수 개통(61.0km, 2001. 11. 22 착공)

2007. 12. 28.	서울외곽순환선 일산~퇴계원(민자) 개통(36.3.km, 2001. 6. 30 착공) ※ 고속도로 3,000km 시대 개막
2008. 05. 28.	무안광주선 나주~광주 개통(10.95km, 2002. 12. 24 착공)
2008. 11. 11.	평택제천선 남안성~대소 개통(21.2km, 2002. 12. 24 착공)
2008. 12. 29.	동해선 부산~울산 개통(47.2km, 2001. 11. 29 착공)
2009. 03. 31.	경부선 서울영업소~판교 확장 개통(2.3km)
2009. 05. 28.	서천공주선 개통(61.4km, 2001. 12. 17 착공), 당진영덕선 당진~대전 개통(91.6km, 2001. 12. 24 착공)
2009. 07. 15.	서울춘천선 강일~춘천 개통(61.4km, 2004. 3. 22 착공)
2009. 10. 16.	인천대교 개통(18.3km, 2005. 6. 16 착공)
2009. 10. 30.	서울양양선 춘천~동홍천 개통(17.1km, 2004. 3. 22 착공)
2009. 11. 27.	동해선 현남~하조대 개통(15.2km, 2004. 12. 30 착공)
2010. 07. 20.	호남선 동광주~고서 확장 개통(4.3km, 2005. 12. 27 착공)
2010. 09. 15.	중부내륙선 여주–북여주 개통(17.6km, 2002. 12. 20 착공)
2010. 11. 03.	경부선 기흥~판교 확장 개통(20.9km, 2006. 6. 28 착공)
2010. 12. 21.	중앙내륙선지선 성서~옥포 확장 개통(8.7km, 2005. 12. 22 착공)
2010. 12. 28.	순천완주선 서남원~완주 개통(65.2km, 2004. 12. 30 착공)
2011. 01. 31.	순천완주선 순천~서남원 개통(47.0km, 2004. 12. 30 착공)
2011. 04. 28.	순천완주선 순천~동순천(5.6km) 완공, 순천완주선 전 구간 개통(117.8km, 2004. 12. 30 착공)
2011. 05. 25.	남해선 함안~산인 확장 개통(7.1km, 2007. 10. 22 착공)
2011. 07. 20.	영동선 신갈~양지 확장 개통(18.8km, 2007. 10. 31 착공)
2011. 07. 24.	영동선 양지~호법 확장 개통(14.8km, 2007. 10. 31 착공)
2011. 12. 21.	남해선 진주~마산 확장 개통(48.2km, 2007. 10. 22 착공)
2012. 04. 27.	남해선 목포~광양 개통(106.8km, 2002. 12. 24 착공) ※ 고속도로 4,000km 시대 개막
2012. 12. 21.	동해선 하조대~양양 개통(9.7km, 2004. 12. 30 착공)
2012. 12. 28.	중부내륙선 북여주~양평 개통(18.5km, 2002. 12. 5 착공)
2013. 08. 12.	평택제천선 대소~충주 개통(27.6km, 2007. 12. 20 착공)
2014. 10. 31.	평택제천선 충주~동충주 개통(18.0km, 2007. 12. 20 착공)
2014. 12. 16.	남해선 냉정~부산 확장 개통(40.3km, 2008. 12. 3 착공),
2015. 06. 01.	남해선 냉정분기점~서김해나들목 확장 개통(6.2km), 남해2지선 냉정분기점–장유 개통(6.8km)
2015. 06. 30.	평택제천선 동충주~제천 개통(23.7km, 2009. 7. 22 착공)
2015. 07. 30.	경부선 판교~양재 확장 개통(7.5km, 2011. 10. 31 착공)
2015. 09. 22.	경부선 영동~옥천 확장 개통(7.1km, 2009. 3. 10 착공)
2015. 12. 22.	광주대구선 담양~성산 확장 개통(142.8km, 2008. 11. 20 착공)

2015. 12. 23.	서해안선 안산~일직 확장 개통(10.0km, 2010. 7. 30 착공)
2015. 12. 29.	동해선 울산~포항 개통(42.1km, 2009. 6. 29 착공)
2016. 06. 30.	동해선 남경주~동경주 개통(11.6km, 2009. 6. 29 착공)
2016. 09. 09.	동해선 동해~삼척 개통(17.8km, 2009. 3. 31 착공)
2016. 11. 11.	광주원주선 개통(59.6km, 2011. 11. 11 착공)
2016. 11. 24.	동해선 주문진~속초 개통(18.9km, 2004. 12. 30 착공)
2016. 12. 26.	당진영덕선 상주~영덕 개통(107.9km, 2009. 12. 18 착공)
2017. 01. 13.	남해제3지선(부산신항제2배후도로) 개통(15.3km, 2012. 7. 13 착공)
2017. 06. 28.	상주영천선 전 구간 개통(94km, 2012. 6. 28 착공)
2017. 06. 30.	국내 최장 인제양양터널 개통(총길이 10.96km, 세계 11번째), 서울양양선 동홍천~양양 개통(72.6km, 2008. 12. 29 착공), 구리포천선 개통(50.6km, 2012. 6. 30 착공)
2017. 12. 28.	부산외곽순환선 노포-기장 개통(11.5km, 2010. 12. 24 착공)
2018. 02. 07.	부산외곽순환선 진영-노포 개통(37.3km, 2010. 12. 24 착공)
2018. 12. 12.	경부선 언양-영천 확장 개통(55km, 2011. 12. 26 착공)
2020. 12. 11.	함양울산선 밀양~울산 개통(45km, 2014. 3. 10 착공)
2022. 03. 31.	대구외곽순환선 전면 개통(32.9km, 2014. 3. 10 착공)
2022. 12. 20.	광주외곽순환선 개통(9.7km, 2015. 12. 23 착공)
2022. 12. 23.	경부선 동이~옥천 확장공사 개통(3.5km, 2017. 4. 14 착공)
2023. 05. 31.	수도권제2순환선 조안~양평 개통(12.7km, 2014. 5. 19 착공)
2023. 09. 20.	당진청주선 아산~천안 개통(21km, 2015. 12. 23 착공)
2023. 09. 25.	수도권제2순환선 남안산~시화 개통(2.6km, 2018. 6. 29 착공)
2024. 02. 07.	수도권제2순환선 화도~조안 개통(4.9km, 2014. 5. 19 착공) ※ 고속도로 5,000km 시대 개막
2024. 12. 19.	수도권제2순환선 파주~양주 개통(20.1km, 2017. 3. 2 착공)
2024. 12. 28.	함양울산선 창녕~밀양 개통(28.6km, 2016. 10. 24 착공)
2025. 01. 01.	세종포천선 안성~구리 개통(72.2km, 2016. 12. 13 착공)
2025. 11. 07.	동해선 포항~영덕 개통(30.9km, 2016. 8. 18 착공)
2025. 11. 24.	새만금포항선 새만금~전주 개통(55.1km, 2018. 5. 15 착공)

2 고속도로 노선 현황

전국 고속도로 : 총 44개 노선 5,320km

- 한국도로공사 운 영(재정고속도로 + 수탁민자) : 36개 노선 4,493km
- 한국도로공사 비운영(민자고속도로) : 14개 노선 827km

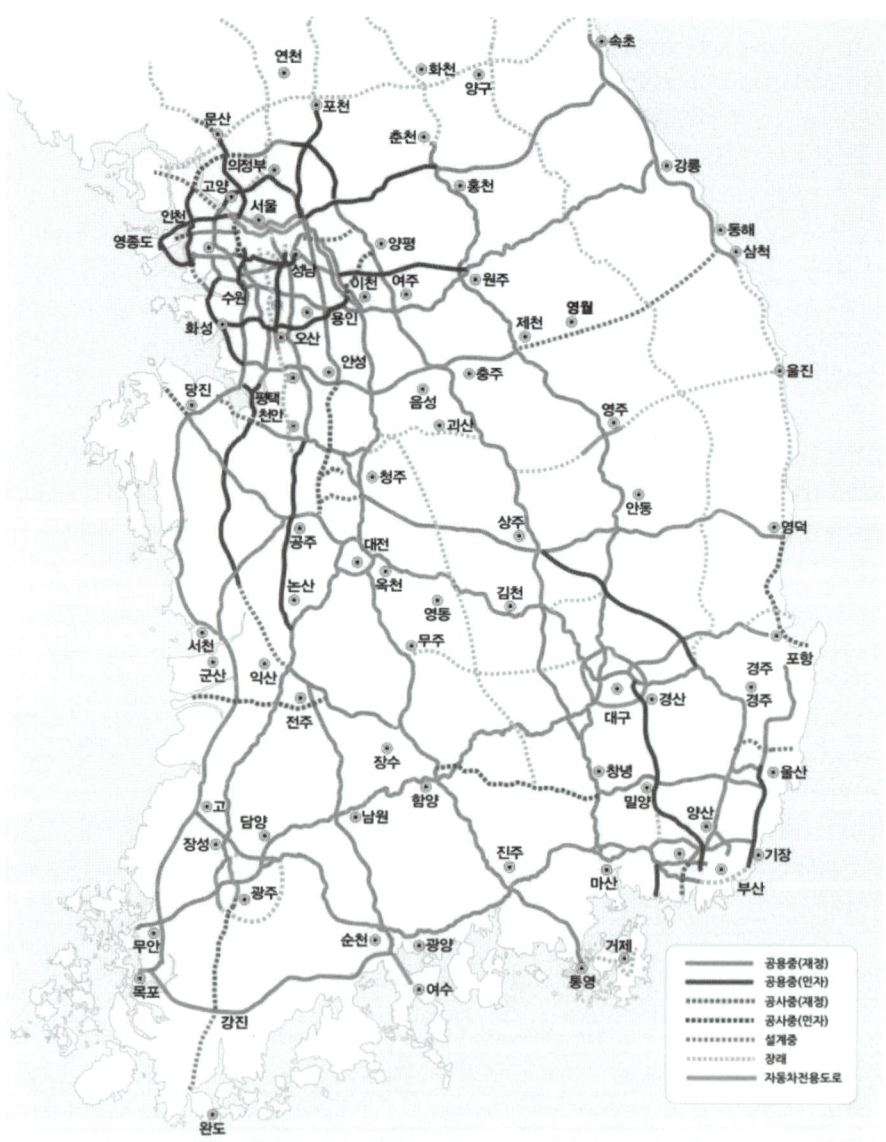

────	공용중(재정)
━━━━	공용중(민자)
∙∙∙∙∙∙∙∙	공사중(재정)
■■■■	공사중(민자)
∙∙∙∙∙∙∙∙	설계중
─ ─ ─	장래
────	자동차전용도로

● 운영주체별 현황 (개통일 순)

• 한국도로공사 운영 : 36개 노선 4,493km

노선번호	노선명	기점	종점	구간명	연장(km)	개통일	차로
제120호	경인선	인천 서구 가정동	서울 양천구 신월동	인천~서울	13.4	1968.12.21.	8차로
제1호	경부선	부산 금정구 구서동	서울 서초구 양재동	계	415.3		
				수원~서울	23.8	1968.12.21.	10,8차로
				오산~수원	14.1	1968.12.30.	8차로
				천안~오산	38.1	1969.09.29.	8차로
				대전~천안	68.2	1969.12.10.	8,6차로
				부산~대구	122	1969.12.29.	8,6차로
				대구~대전	149.1	1970.07.07.	8~4차로
제16호	울산선	울산 울주 언양읍	울산 남구 무거동	언양~울산	14.3	1969.12.29.	4차로
제25호	호남선	전남 순천 서면	충남 논산 연무읍	계	194.2		
				전주~논산	24.8	1970.12.30.	8~4차로
				순천~전주	169.4	1973.11.14.	4차로
제251호	호남선 지선	충남 논산 연무읍	대전 대덕구 신대동	논산~대전	54	1970.12.30.	4차로
제50호	영동선	인천 남동구 서창동	강원 강릉 성산면	계	234.4		
				신갈~새말	101.1	1971.12.01.	10~4차로
				새말~강릉	91.5	1975.10.14.	4차로
				서창~안산	18	1994.07.06.	8,6차로
				안산~신갈	23.8	2001.05.02.	8,6차로
제10호	남해선	전남 영암 학산면	부산 북구 덕천동	계	273.2		
				순천~산인	112.9	1973.11.14.	8~4차로
				창원~부산	38.1	1973.11.14.	8~4차로
				산인~창원	15.4	2001.11.15.	4차로
				영암~순천	106.8	2012.04.27.	4차로
제102호	남해 제1지선	경남 함안 산인면	경남 창원 동읍	산인~창원	17.9	1973.11.14.	4차로
제65호	동해선	강원 삼척 근덕면	강원 속초 노학동	계	253.5		
				동해~현남	60.2	1975.10.14.	4차로
				현남~하조대	15.2	2009.11.27.	4차로
				하조대~양양	9.7	2012.12.21.	4차로
				남심척~동해	17.8	2016.09.09.	4차로
				양양~속초	18.9	2016.11.24.	4차로
		경북 영덕 강구면 부산 해운대구 좌동	경북 포항 북구 경북 포항 오천읍	영덕~영일만	30.9	2025.11.08.	4차로
				부산~울산*	47.2	2008.12.29.	6,4차로
				울산~남경주	22.7	2015.12.29.	4차로
				동경주~포항	19.4	2015.12.29.	4차로
				남경주~동경주	11.5	2016.06.30.	4차로

* 민자고속도로 수탁운영 구간 : 부산~울산, 서울~춘천, 양주~포천, 구리~포천

노선번호	노선명	기점	종점	구간명	연장(km)	개통일	차로
제45호	중부내륙선	경남 창원 내서읍	경기 양평 옥천면	계	301.7		
				내서~현풍	52.1	1977.12.17.	4차로
				김천~북상주	45.1	2001.09.07.	4차로
				충주~여주	41.0	2002.12.20.	4차로
				북상주~충주	65.1	2004.12.15.	4차로
				현풍~김천	62.0	2007.11.29.	4차로
				여주~북여주	17.6	2010.09.15.	4차로
				북여주~양평	18.8	2012.12.28.	4차로
제451호	중부내륙선 지선	대구 달성 현풍면	대구 북구 금호동	현풍~대구	30.0	1977.12.17.	8~4차로
제104호	남해 제2지선	경남 김해 부곡동	부산 사상구 감전동	냉정~사상	20.3	1981.09.04.	8,6차로
제12호				계	223.2		
	광주대구선 무안광주선	전남 담양 고서면 전남 무안 망운면	대구 달성 옥포면 광주 광산구 운수동	고서~옥포	181.9	1984.06.27.	6,4차로
				무안~나주	30.4	2007.11.08.	4차로
				나주~광주	10.9	2008.05.28.	4차로
제35호				계	332.5		
	중 부 선 통영대전선	충북 청주 남이면 경남 통영 용남면	경기 하남 춘궁동 대전 동구 비룡동	남이~하남	117.2	1987.12.03.	8,4차로
				진주~서진주	7.5	1996.12.20.	4차로
				서진주~함양	49.8	1998.10.22.	4차로
				산내~비룡	7.5	1999.09.06.	4차로
				무주~산내	42.2	2000.12.22.	4차로
				함양~무주	60.4	2001.11.29.	4차로
				통영~진주	47.9	2005.12.12.	4차로
제100호	수도권 제1순환선	경기 구리 사노동	경기 고양 덕양구	계	91.7		
				퇴계원~판교	33.5	1991.11.29.	8차로
				판교~일산	58.2	1999.11.26.	8차로
제110호	제2경인선	인천 미추홀구 용현동	경기 안양 만안구	계	26.7		
				인천~서창	9.8	1994.07.06.	8,6차로
				서창~안양	16.9	1994.07.06.	6,4차로
제15호	서 해 안 선	전남 무안 삼향읍	서울 금천구 독산동	계	336.0		
				안중~안산	40.9	1994.07.06.	10~6차로
				안산~일직	9.9	1995.12.28.	10,8차로
				목포~무안	19.3	1998.08.25.	4차로
				군산~서천	23.6	1998.10.30.	4차로
				일직~서울	4.3	1998.11.25.	8,4차로
				당진~안중	20.7	2000.11.10.	6차로
				서천~당진	103.5	2001.11.20.	6,4차로
				무안~군산	113.8	2001.12.21.	4차로

노선번호	노선명	기점	종점	구간명	연장(km)	개통일	차로
제55호	중앙선	부산 사상구 삼락동	강원 춘천 석사동	계	288.7		
				금호~서안동	85.8	1995.08.29.	4차로
				제천~만종	36.3	1995.08.29.	4차로
				홍천~춘천	25.3	1995.08.29.	4차로
				부산~대동	10.1	1996.06.28.	6,4차로
				서안동~풍기	35.6	1999.09.16.	4차로
				만종~홍천	44.1	2001.08.17.	4차로
				풍기~제천	51.5	2001.12.19.	4차로
제551호	중앙선 지선	경남 김해 안동	경남 양산 남부동	계	17.4		
				남양산~양산	1.8	1996.05.01.	4차로
				대동~남양산	6.4	1996.06.28.	6,4차로
				김해~대동	9.2	2014.12.16.	4차로
제300호	대전남부 순환선	대전 유성구 원내동	대전 동구 비룡동	서대전~산내	13.3	1999.09.06.	4차로
제37호	제2중부선	경기 이천 마장면	경기 하남 산상곡동	마장~산곡	31.1	2001.11.29.	4차로
제20호	새만금포항선			계	161.0		
		전북 김제 진봉면	전북 장수 장계면	장수~장수분기점	2.1	2001.11.29.	4차로
				완주~장수	34.4	2007.12.13.	4차로
				새만금~전주	55.1	2025.11.22.	4차로
		대구 동구 도동	경북 포항 흥해읍	대구~포항	69.4	2004.12.07.	6,4차로
제40호	평택제천선	경기 평택 청북읍	충북 제천 금성면	계	126.9		
				서평택~서안성	25.7	2002.12.12.	6차로
				서안성~남안성	10.2	2007.08.31.	6,4차로
				남안성~대소	22.0	2008.11.11.	4차로
				대소~충주	27.6	2013.08.12.	4차로
				충주~동충주	17.7	2014.10.31.	4차로
				동충주~제천	23.7	2015.06.30.	4차로
제253호	고창담양선	전북 고창 고수면	전남 담양 대덕면	계	42.5		
				장성~담양	25.3	2006.12.07.	4차로
				고창~장성	17.2	2007.12.13.	4차로
제30호	서산영덕선	충남 당진 사기소동	경북 영덕 영덕읍	계	278.9		
				청주~낙동	79.4	2007.11.28.	4차로
				당진~대전	91.6	2009.05.28.	4차로
				상주~영덕	107.9	2016.12.26.	4차로
제204호	새만금포항선 지선	전북 익산 왕궁면	전북 완주 상관면	익산~완주	24.5	2007.12.13.	4차로
제151호	서천공주선	충남 서천 화양면	충남 공주 우성면	서천~공주	61.4	2009.05.28.	4차로
제60호	서울양양선	서울 강동구 고덕동	강원 양양 서면	계	151.1		
				서울~춘천*	61.4	2009.07.15.	8~4차로
				춘천~동홍천	17.1	2009.10.30.	4차로
				동홍천~양양	72.6	2017.06.30.	4차로

* 민자고속도로 수탁운영 구간 : 부산~울산, 서울~춘천, 양주~포천, 구리~포천

노선번호	노선명	기점	종점	구간명	연장(km)	개통일	차 로
제27호	순천완주선	전남 순천 해룡면	전북 완주 용진읍	계	117.8		
				서남원~완주	65.2	2010.12.28.	4차로
				순천~서남원	47.0	2011.01.31.	4차로
				동순천~순천	5.6	2011.04.29.	4차로
제400호	수도권 제2순환선			계	43.7		
		경기 양주 회암동	경기 포천 소흘읍	양주~포천*	6.0	2017.06.30.	4차로
		경기 남양주 조안면	경기 양평 옥천면	조안~양평	12.7	2023.05.31.	4차로
		경기 남양주 화도읍	경기 남양주 조안면	화도~조안	4.9	2024.02.07.	4차로
		경기 양주 회암동	경기 파주 법원면	파주~양주	20.1	2024.12.19.	4차로
제29호	세종포천선			계	116.8		
		경기 구리 토평동	경기 포천 신북면	구리~포천*	44.6	2017.06.30.	6,4차로
		경기 안성 금광면	경기 구리 토평동	안성~구리	72.2	2025.01.01.	6차로
제600호	부산외곽 순환선	경남 김해 진영읍	부산 기장 일광면	계	48.8		
				노포~기장	10.9	2017.12.28.	4차로
				진영~노포	37.9	2018.02.07.	4차로
제14호	함양울산선			계	73.6		
		경남 밀양 산외면	울산 울주 청량읍	밀양~울산	45.0	2020.12.11.	4차로
		경남 창녕 장마면	경남 밀양 산외면	창녕~밀양	28.6	2024.12.28.	4차로
제700호	대구외곽 순환선	대구 달서구 대천동	대구 동구 상매동	대구~대구	32.9	2022.03.31.	4차로
제500호	광주외곽 순환선	광주 광산구 송치동	전남 장성 남면	남광산~남장성	9.7	2022.12.20.	4차로
제32호	당진청주선	충남 아산 염치읍	충북 천안시 동남구	아산~천안	21.0	2023.09.20.	4차로

* 민자고속도로 수탁운영 구간 : 부산~울산, 서울~춘천, 양주~포천, 구리~포천

• 한국도로공사 비운영 : 14개 노선 827km

노선번호	노선명	기점	종점	구간명	연장(km)	개통일	차 로
제130호	인천국제공항선	인천 중구 운서동	경기 고양 강매동	인천~고양	36.6	2000.11.21.	8,6차로
제25호	논산천안선	충남 논산 연무읍	충남 천안 목천읍	논산~천안	82.0	2002.12.23.	4차로
제55호	중앙선(부산대구선)	경남 김해 대동면	대구 동구 용계동	부산~대구	82.0	2006. 1.25.	4차로
제100호	수도권 제1순환선	경기 고양 덕양구	경기 구리 사노동	일산~퇴계원	36.3	2006.06.30.	8차로
제171호				천안~오산	38.1	1969.09.29.	8차로
			계	25.5			8,6차로
	용인서울선	경기 용인 영덕동	서울 서초구 내곡동	용인~서울	22.9	2009.07.01.	6,4차로
	오산화성선	경기 오산 서랑동	경기 화성 안녕동	오산~화성	2.6	2009.10.29.	6차로
제110호	제2경인선	인천 중구 운서동	경기 성남 여수동	계	43.3		
				인천대교 연결노로 *	9.0	2009.10.19.	6~2차로
				인천대교	12.3	2009.10.19.	4차로
				안양~성남	21.9	2017.09.27.	8~4차로
제400호	수도권 제2순환선			계	119.0		
		경기 화성 마도면	경기 광주 도척면	동탄~봉담	9.3	2009.10.29.	6,4차로
				봉담~송산	18.3	2021.04.28.	4차로
				화성~광주	31.2	2022.03.21.	4차로
		인천 중구 신흥동	경기 김포 양촌읍	인천~김포	28.9	2017.03.23.	6,4차로
		경기 안산 단원구	경기 시흥 정왕동	남안산~시화*	2.6	2023.09.25.	4차로
		경기 포천 소흘읍	경기 남양주 화도읍	포천~화도	28.7	2024.02.07.	4차로
제17호				계	183.3		
	평택파주선	경기 평택 오성면	경기 파주 문산읍	평택~화성	26.7	2009.10.29.	6,4차로
				수원~광명	27.4	2016.04.29.	6,4차로
				서울~문산	35.2	2020.11.07.	6~2차로
	익산평택선	충남 부여 규암면	경기 평택 현덕면	부여~평택	94.0	2024.12.10.	6,4차로
제153호	평택시흥선	경기 평택 청북읍	경기 시흥 거모동	평택~시흥	40.3	2013.03.28.	6,4차로
제52호	제2영동선(광주원주선)	경기 광주 초월읍	강원 원주 가현동	경기광주~원주	56.9	2016.11.11.	4차로
제301호	상주영천선	경북 영천 북안면	경북 상주 낙동면	계	94.0		
				낙동~상주	3.8	2016.12.26.	6차로
				상주~영천	90.2	2017.06.28.	4차로
제105호	남해 제3지선(부산항신항선)	경남 창원 남문동	경남 김해 진례면	부산신항~진례	15.3	2017.01.13.	4차로
제32호	당진청주선	충북 청주 흥덕구	충북 청주 오창읍	옥산~오창	12.1	2018.01.14.	4차로
		부산 해운대구 좌동	경북 포항 오천읍	부산~울산*	47.2	2008.12.29.	6,4차로
				울산~남경주	22.7	2015.12.29.	4차로
				동경주~포항	19.4	2015.12.29.	4차로
				남경주~동경주	11.5	2016.06.30.	4차로

* 재정고속도로 수탁운영 구간 : 인천대교 연결도로, 남안산~시화

노선별 소개

120 경인고속도로

노선도

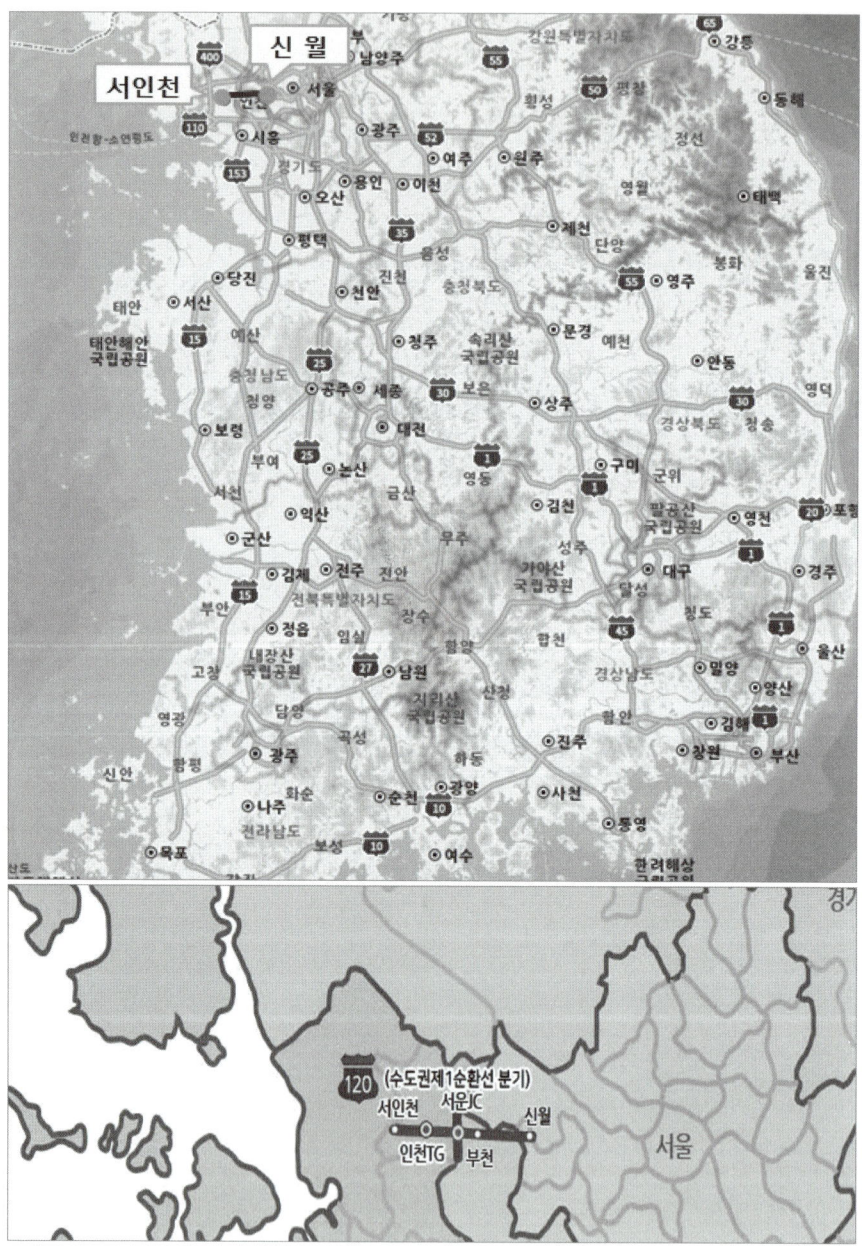

노선 개요

노선번호	제120호	국가간선도로망	동서 9축(지선)
연장(km)	13.4km	차 로	왕복 8차로
최초 개통	1968.12.21.	건설비	31.5억 원
구 간	서인천IC(인천광역시 서구) ~ 신월IC(서울특별시 양천구)		

건설 배경

제2차 경제개발 5개년 계획(1962~1966)기간 사회간접자본(SOC) 확충이 시급한 과제로 급부상하였으며, 수출 전초기지 연결(인천항과 서울 연결)과 공업단지 활성화(경인공업지역 산업단지 제품 수송)의 일환으로 건설

건설 경위

1967. 3월	대한민국 최초의 고속도로로 착공
1967. 9월	2급 국도 제95호선(서울~인천) 지정
1968. 12월	1단계 구간(서울 양평동~가좌) 개통
1969. 7월	2단계 구간(가좌~인천, 6km) 개통으로 전 구간 개통
1971. 8월	노선 명칭이 고속국도 제2호선 '경인선'으로 변경
1973. 12월	한국도로공사로 관리권 이관되어 유료도로 체계 정립
2001. 8월	노선번호 제2호에서 제120호로 변경
2017. 12월	인천~서인천 고속도로 지정 해제

건설 효과

● 경제적 편익

경제적 편익	출처
인천~서울 주행시간 42분 단축	한국민족문화대백과사전 「한국도로사」(1981년, 한국도로공사)
인천항으로의 물자 수송량 급증 (1961년 64만→1970년 768만 4천톤)	「Expressway Construction and Management」 (2013년, 국토부, KDI, 서울대학교)

● 사회적 효과
• 인천~서울 물류 수송 원활화 및 광역도시권 형성 기여

● 상징적 효과
• 인천이 산업도시 및 서울의 관문으로 성장하는 데 기여
• 우리나라 최초의 고속도로로 고속도로 시대 및 고도성장 시대 계기 마련

기공식

최종구간 개통식(1)

최종구간 개통식(2)

경인고속도로 운행 고속버스(인천일보)

서인천나들목(인천시)

인천톨게이트

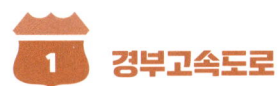

1 경부고속도로

노선도

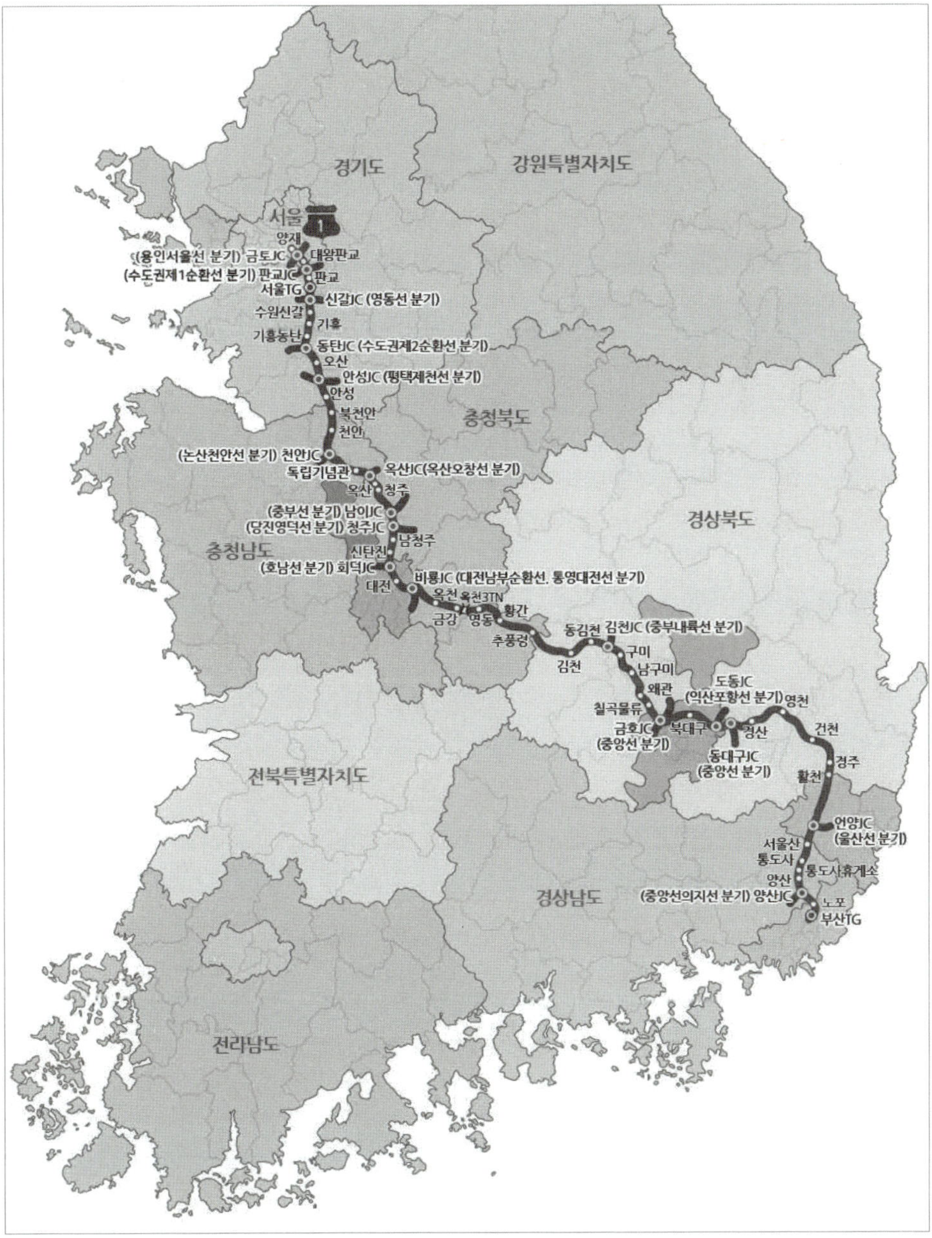

경기도
강원특별자치도
서울
1
양재
(용인서울선 분기) 금토JC
대왕판교
(수도권제1순환선 분기) 판교JC
판교
서울TG
신갈JC (영동선 분기)
수원신갈
기흥
기흥동탄
동탄JC (수도권제2순환선 분기)
오산
안성JC (평택제천선 분기)
안성
북천안
천안
충청북도
(논산천안선 분기) 천안JC
독립기념관
옥산JC(옥산오창선 분기)
옥산
청주
(중부선 분기) 남이JC
(당진영덕선 분기) 청주JC
남청주
충청남도
신탄진
(호남선 분기) 회덕JC
비룡JC (대전남부순환선, 통영대전선 분기)
대전
옥천
옥천3TN
금강
영동
황간
추풍령
동김천
김천JC (중부내륙선 분기)
김천
구미
남구미
왜관
칠곡물류
도동JC
(익산포항선 분기)
영천
금호JC
(중앙선 분기)
북대구
경산
동대구JC
(중앙선 분기)
건천
경주
경상북도
건천
황천
전북특별자치도
언양JC
(울산선 분기)
서울산
통도사
통도사휴게소
양산
(중앙선의지선 분기) 양산JC
노포
부산TG
경상남도
전라남도

노선 개요

노선번호	제1호	국가간선도로망	남북 3, 5, 8, 9축 동서 2(지선), 3, 5축
연장(km)	415.3km	차 로	왕복 4~10차로
최초 개통	1968.12.21.	건설비	429.7억 원
구 간	구서IC(부산광역시 금정구) ~ 양재IC(서울특별시 서초구)		

건설 배경

박정희 대통령은 1964년 12월 서독 방문에서 본-쾰른 간 아우토반을 시찰하면서 고속도로 건설의 구상을 처음 하였음. 독일 부흥의 상징인 고속도로에 깊은 인상을 받았고, 이것이 경부고속도로 건설의 직접적인 영감이 됨

건설 경위

1965. 9 월 ── 건설부, 경부간 고속도로 건설계획 수립
1967. 4 월 ── 박정희 대통령, 대선공약으로 경부고속도로 건설 제시
1967. 10월 ── 건설 전문가 주원 건설부 장관 임명
1967. 12월 ── '국가기간고속도로 건설추진위원회' 설치 및 건설계획 발표
1968. 2 월 ── 경부고속도로 착공

건설 효과

●) 경제적 편익

경제적 편익	출처
1970~1972년 약 305억원 (현재가치 약 4,904억원)	「고속도로 효과조사 보고서」 (1973년, 건설부·국토연구원)
1970~2020년 약 245조원 (통행시간/환경/교통사고 등 비용 절감)	「경부고속도로와 한국의 수송 및 산업발전」 (2020, 도로교통연구원)

●) 사회적 효과
• 지역개발 촉진(전국 주요 도시 연결), 생활권 확대(문화 확산 및 사회통합 촉진)

●) 상징적 효과
• 조국 근대화의 상징. '한강의 기적'을 토대로 산업화 시대의 상징
• 수도권과 지역 거점 도시들을 거치므로 '국토의 대동맥'으로 부름

관련 사진

경부고속도로 구상 스케치(박정희 대통령)

경부고속도로 터널 공사

경부고속도로 개통

경부고속도로 개통식 축하 세레머니

경부고속도로 서울톨게이트

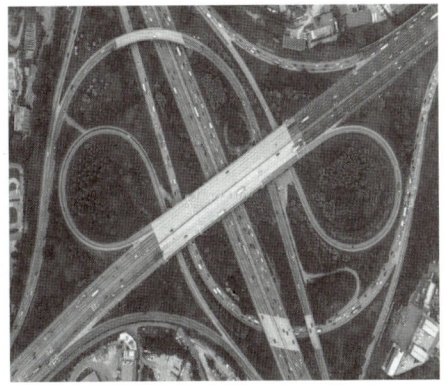
경부고속도로 신갈분기점

노선도

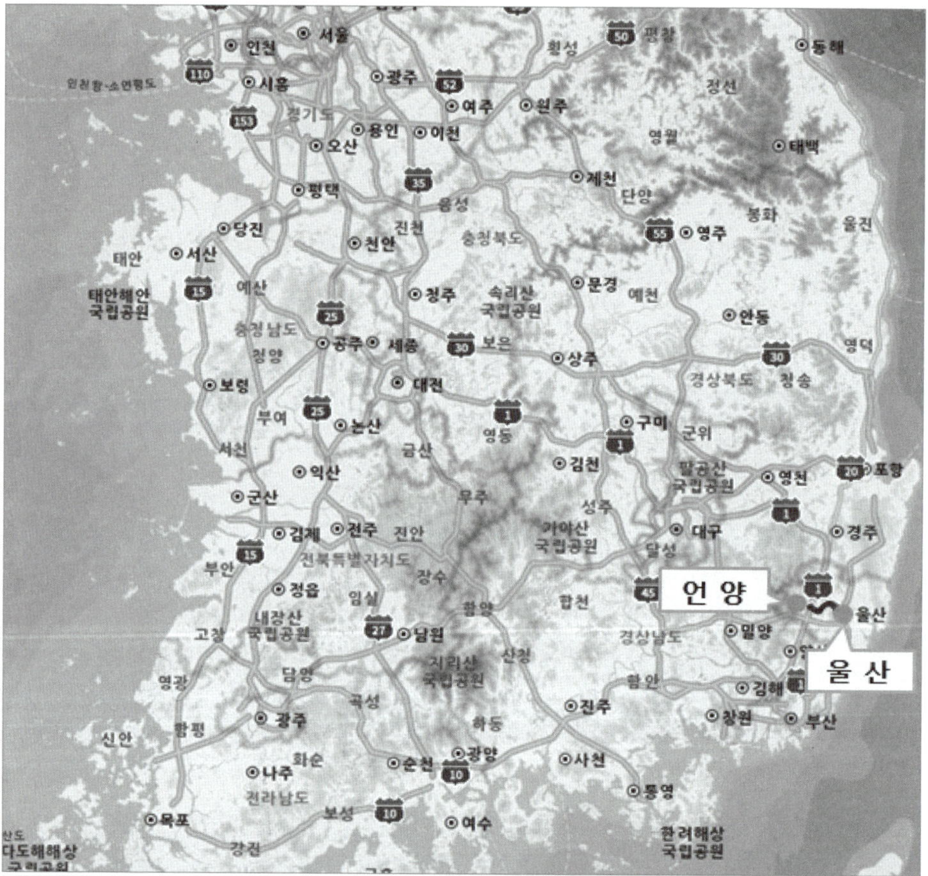

인천항·소연평도
인천
서울
110
경기도
시흥
광주
52
여주
화성
50
평창
153
용인
이천
원주
정선
동해
오산
영월
태백
평택
음성
계천
단양
울진
35
봉화
당진
진천
충청북도
55
영주
태안
서산
예산
천안
안동
태안해안
국립공원
15
청주
속리산
국립공원
문경
예천
영덕
25
충청남도
공주
세종
보은
30
30
청양
대전
상주
경상북도
청송
보령
부여
25
논산
영동
구미
군위
1
서천
익산
금산
무주
김천
성주
팔공산
국립공원
영천
20
포항
군산
15
김제
전주
진안
가야산
국립공원
1
대구
경주
부안
전북특별자치도
장수
달성
45
언양
1
정읍
임실
함양
합천
밀양
울산
내장산
국립공원
27
남원
지리산
국립공원
산청
경상남도
함안
울산
고창
담양
곡성
하동
진주
김해
영광
함평
광주
화순
순천
광양
10
창원
부산
나주
전라남도
사천
목포
보성
10
여수
통영
강진
한려해상
국립공원
산도
다도해상
국립공원

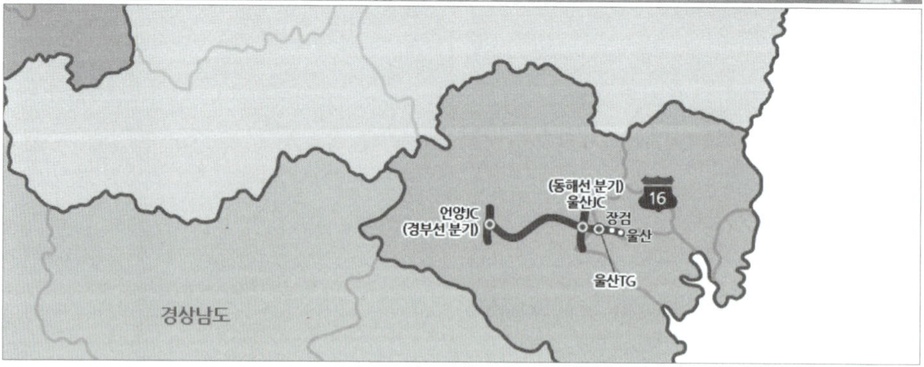

경상남도

언양IC
(경부선 분기)
동해선 분기
울산IC
장검
울산
16
울산TG

노선 개요

노선번호	제16호	국가간선도로망	동서 2축(지선)
연장(km)	14.3km	차 로	왕복 4차로
최초 개통	1969.12.29.	건설비	18억 원
구 간	언양JCT(울산광역시 울주군) ~ 울산IC(울산광역시 남구)		

건설 배경

1960년대 정부는 경제 성장의 기반을 닦기 위해 울산을 국가 산업의 거점으로 육성하였으며, 공업지구와 경부고속도로를 연결하여 산업 물류의 대동맥 역할을 위해 건설

건설 경위

1962. 1 월	울산 특정공업지구 지정으로 산업 도로 건설 필요성 대두
1968. 11월	울산고속도로 건설 논의
1969. 6 월	'언양–울산 간 유로도로' 명칭으로 전 구간 착공
1969. 12월	전 구간 개통(민자 지방도 방식)
1974. 11월	운영권을 한국도로공사에 이양하며 공공 관리 체계 전환
1978. 6 월	대통령령에 의해 고속국도 제8호 '언양–울산선' 지정 * 2016년 16호선
1981. 11월	노선명을 '울산고속도로(울산선)'으로 변경

건설 효과

●) 경제적 편익

경제적 편익	출처
경부고속도로보다 1년 앞서 개통하여 산업 거점 울산의 소비 촉진	「고속도로 효과조사 보고서」 (1973년, 건설부·국토연구원)

●) 사회적 효과
• 산업 거점인 울산과 소비 거점인 수도권의 왕래를 보다 용이하게 함

●) 상징적 효과
• 경부고속도로보다 1년 앞서 개통하여 울산 경제 성장의 기폭제

개통식

언양나들목(1970년, 산림청)

언양나들목(1990년, 산림청)

표지석

사연대교

울산 이정표

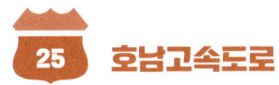

25 호남고속도로

노선도

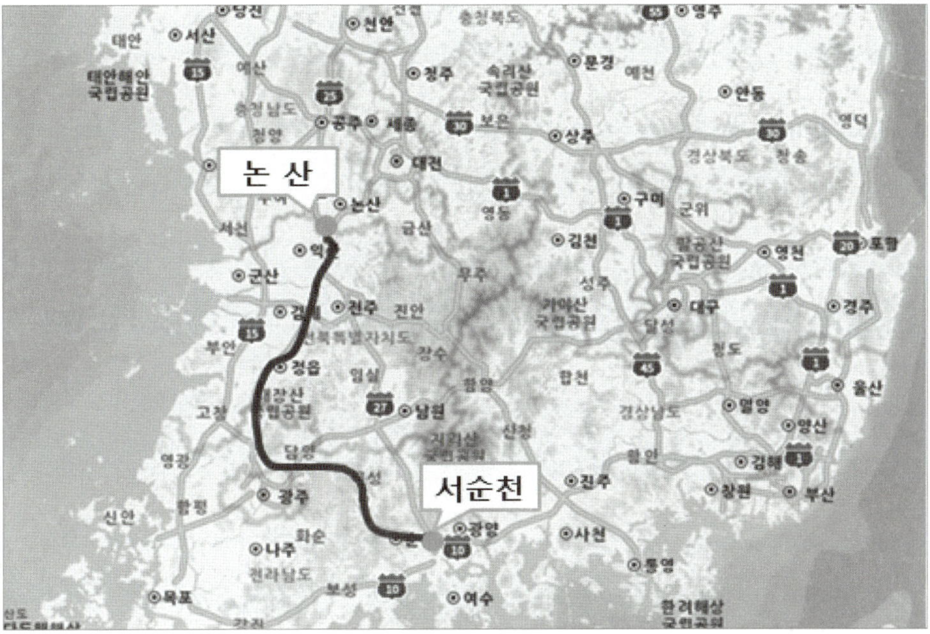

당진
천안
충청북도
영주
태안
서산
예산
태안해안 국립공원
청주
속리산 국립공원
문경
예천
안동
충청남도
공주
세종
보은
청양
상주
영덕
경상북도
청송
논 산
대전
논산
구미
군위
영동
서천
금산
김천
팔공산 국립공원
영천
포항
무주
군산
성주
대구
경주
전주
진안
가야산 국립공원
달성
부안
장수
청도
정읍
임실
함양
합천
울산
내장산 국립공원
고창
남원
밀양
경상남도
지리산 국립공원
산청
양산
담양
영광
김해
서순천
진주
광주
창원
부산
신안
함평
광양
사천
화순
나주
통영
전라남도
목포
보성
여수
한려해상 국립공원

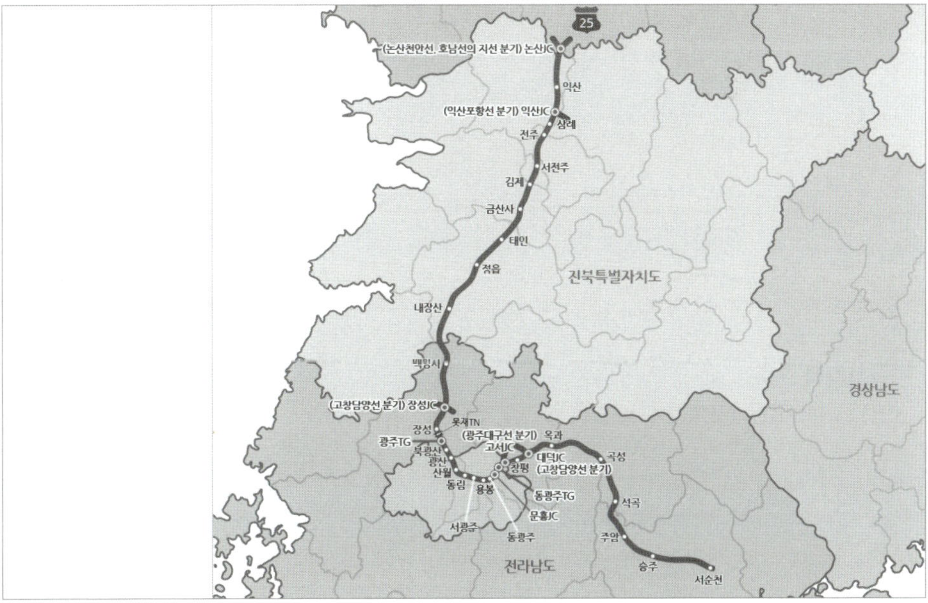

25
(논산천안선, 호남선의 지선 분기) 논산JC
익산
(익산포항선 분기) 익산JC
삼례
전주
서전주
김제
금산사
태인
정읍
전북특별자치도
내장산
백양사
경상남도
(고창담양선 분기) 장성JC
못재TN
장성
(광주대구선 분기) 고서JC
옥과
광주TG
북광산
광산
산월
창평
대덕JC (고창담양선 분기)
곡성
동림
용봉
동광주TG
석곡
문흥JC
서광주
동광주
주암
전라남도
승주
서순천

노선번호	제25호	국가간선도로망	남북 2, 3, 4축 동서 2축
연장(km)	194.2m	차 로	왕복 4~8차로
최초 개통	1970.12.30.	건설비	72억 원
구 간	서순천IC(전라남도 순천시) ~ 논산JCT(충청남도 논산시)		

건설 배경

1970년대 초 국가 균형 발전과 농업 생산성 증대를 위한 전략적 선택의 일환으로, 경부고속도로와 연결하여 호남지역의 농산물 유통을 원활하게 하고, 전라도 지역을 수도권 및 영남권과 1일 생활권으로 묶어 산업화 혜택을 확산시키고자 건설

건설 경위

1970. 4 월	대전(회덕 분기점)~전주 착공
1970. 12월	대전~전주 개통
1971. 8 월	고속국도 제3호 '호남선' 노선 지정 * 2001년 25호선 변경
1972. 1 월	전주~순천 착공
1973. 11월	전주~순천 개통으로 초기 전 구간 완공
2001. 8 월	논산~회덕을 '호남고속도로지선'으로 분할

건설 효과

●) 경제적 편익

경제적 편익	출처
주행시간 1시간 단축 연간 주행비 109만원, 수송비 183만원 절감	「호남고속도로 개통」 (1970년, 경향신문)

●) 사회적 효과

• 호남 곡창지대의 곡물 물류 운송의 활로를 개척

■ 대전-전주간 호남고속도로 공사현장 7(1970),
　CET0067681(7-1)

기공식

건설 사진(국가기록원)

개통식

대전-광주 확장 준공

광주톨게이트

논산분기점

251 호남고속도로 지선

노선도

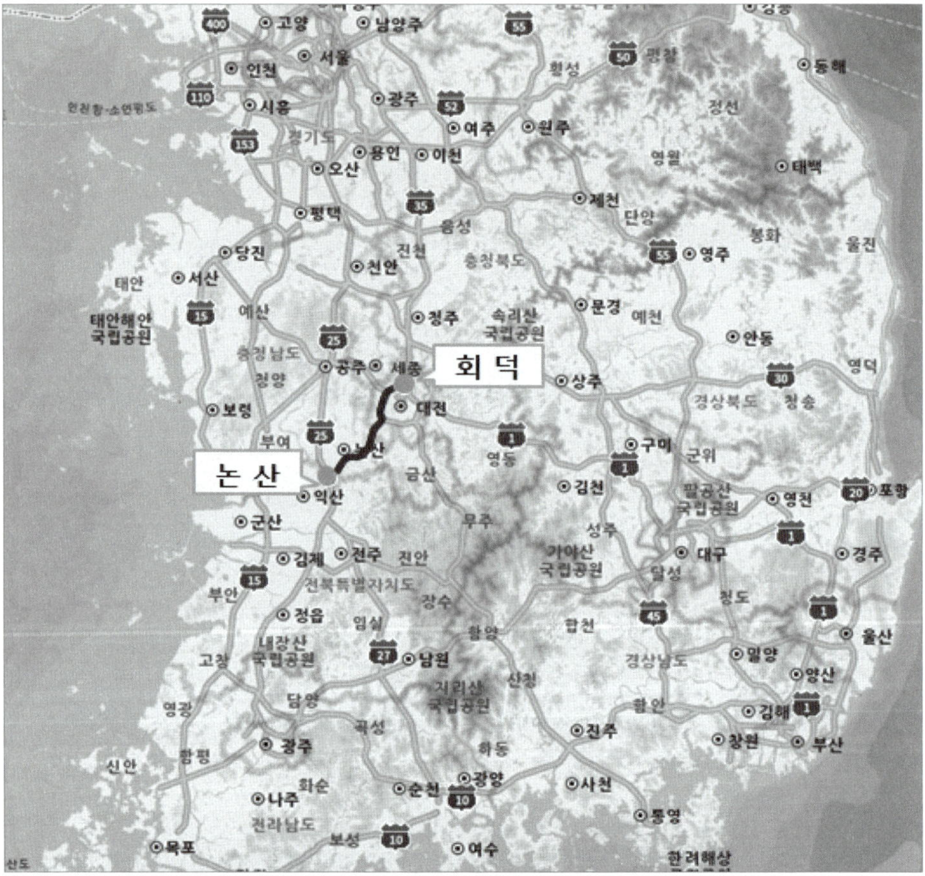

노선 개요

노선번호	제251호	국가간선도로망	남북 4축
연장(km)	54km	차 로	왕복 4차로
최초 개통	1970.12.30.	건설비	호남고속도로 건설비에 포함
구 간	논산JCT(충청남도 논산시) ~ 회덕JCT(대전광역시 대덕구)		

건설 배경

1970년대 개통된 노선으로 본래 호남고속도로 본선의 일부였으나, 1990년대 교통량 급증에 따른 '논산천안고속도로' 건설 및 개통 등 교통망 재편에 따라 현재의 지선 체계를 갖추게 됨

건설 경위

1970. 4 월 —— 회덕~전주 착공
1970. 12월 —— 회덕~전주 개통(당시 본선에 포함되어 개통)
2001. 8 월 —— 노선번호 체계 개편으로 논산~회덕 구간 고속국도 제251호선 지정

건설 효과

● 사회적 효과
• 대전 서부권역과 세종시를 호남 방향으로 연결하여, 주민들의 출퇴근 시간 단축

● 상징적 효과
• 경부고속도로에서 갈라져 나와 호남지역으로 향하는 '첫번째 길'

유성분기점

유성톨게이트(대전일보)

유성나들목 부근

논산분기점

논산분기점

양촌나들목 입구

노선도

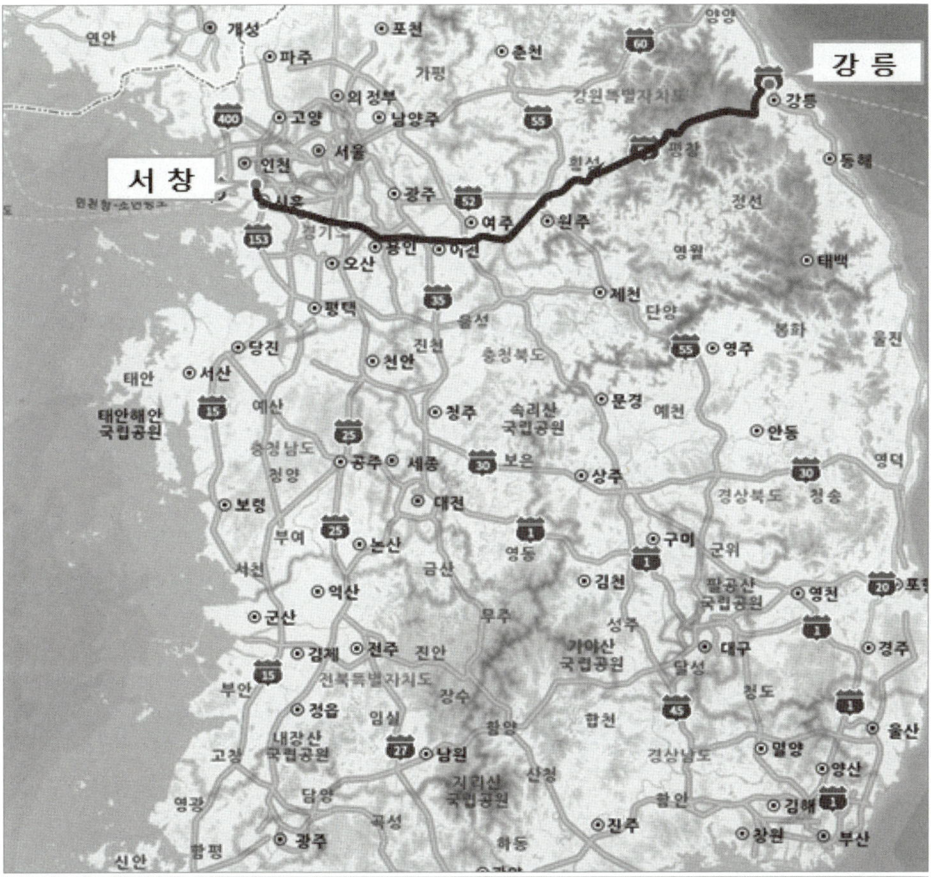

강릉

서창

강원특별자치도

(동해선 분기) 강릉JC
대관령
대관령STN
진부1TN 진부
진부2TN
평창 대관령1TN
속사
봉평TN

경기도

동둔내
면온
눈내IN
새말
눈내

원주
50

시흥

서창JC (제2경인선 분기)
월곶JC
군자TG
군자JC
(평택시흥선 분기)
안산
서안산
부곡
안산JC
(서해안선 분기)
둔대JC
(수원광명선 분기)

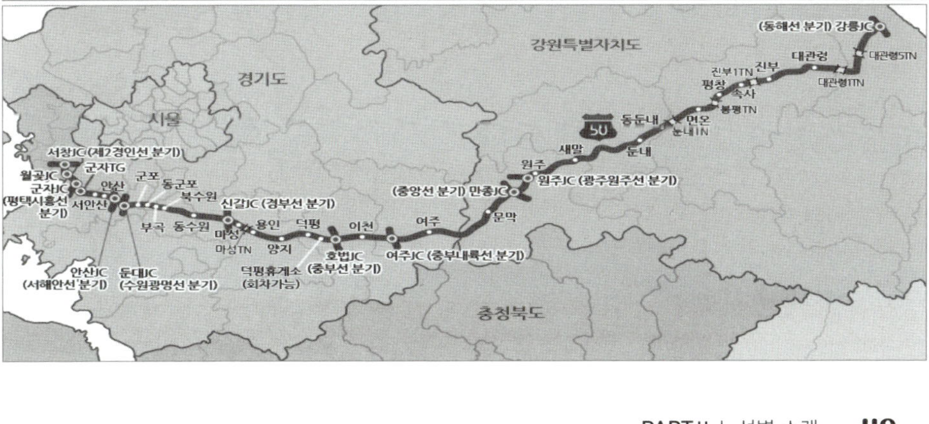

군산
군포
동군포
복수원
신갈JC (경부선 분기)
동수원
용인
마성TN
덕평휴게소
(회차가능)
마성
양지
덕평
호법JC
(중부선 분기)
이천

원주JC (광주원주선 분기)
중앙선 분기) 만종JC
여주
여주JC (중부내륙선 분기)
문막

충청북도

노선 개요

노선번호	제50호	국가간선도로망	동서 7, 8축
연장(km)	234.4km	차 로	왕복 4~10차로
최초 개통	1971.12.01.	건설비	6,491억 원
구 간	서창JCT(인천광역시 남동구) ~ 강릉JCT(강원특별자치도 강릉시)		

건설 배경

제2차 경제개발 5개년 계획(1967~1971) 추진 중 중화학 공업 발전을 위한 강원도 자원을 수도권 공업단지로 신속히 운송할 '산업 대동맥'이 절실하였으며, 고속도로 건설을 통해 강원도 관광산업 육성을 국가적 과제로 삼음

건설 경위

1962.	제1차 경제개발 5개년 계획에서 강원 도로망 확충 필요성 논의
1971. 3 월	신갈~새말 착공
1971. 8 월	노선명을 '서울원주선'으로 지정
1973. 8 월	종점을 강릉으로 연장
1973. 12월	새말~강릉 구간 착공
1975. 10월	새말~강릉 개통으로 서울~강릉 전 구간 연결
1980. 1 월	강릉~소사 개통으로 동해고속도로와 연결
1981. 11월	노선명 '영동선'으로 변경
1991. 11월	안산~신갈 개통
1994. 7 월	서창~안산 개통

건설 효과

●) **경제적 편익**

경제적 편익	출처
주행시간 5시간 단축	「영동·동해고속도로 개통」(1975년, 매일경제)

●) **사회적 효과**

• 태백권을 수도권과 직결시킴으로써 풍부한 천연자원 및 관광자원 개발에 기여

●) **상징적 효과**

• 수도권과 동해안을 연결하는 운송구조를 국도·철도에서 도로로 전환

대관령 부근

횡계-강릉 기공식

대관령 부근

새말-월정 확장 개통(국가기록원)

개통식(국가기록원)

대관령 1터널

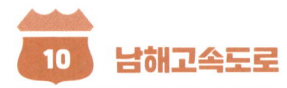

10 남해고속도로

노선도

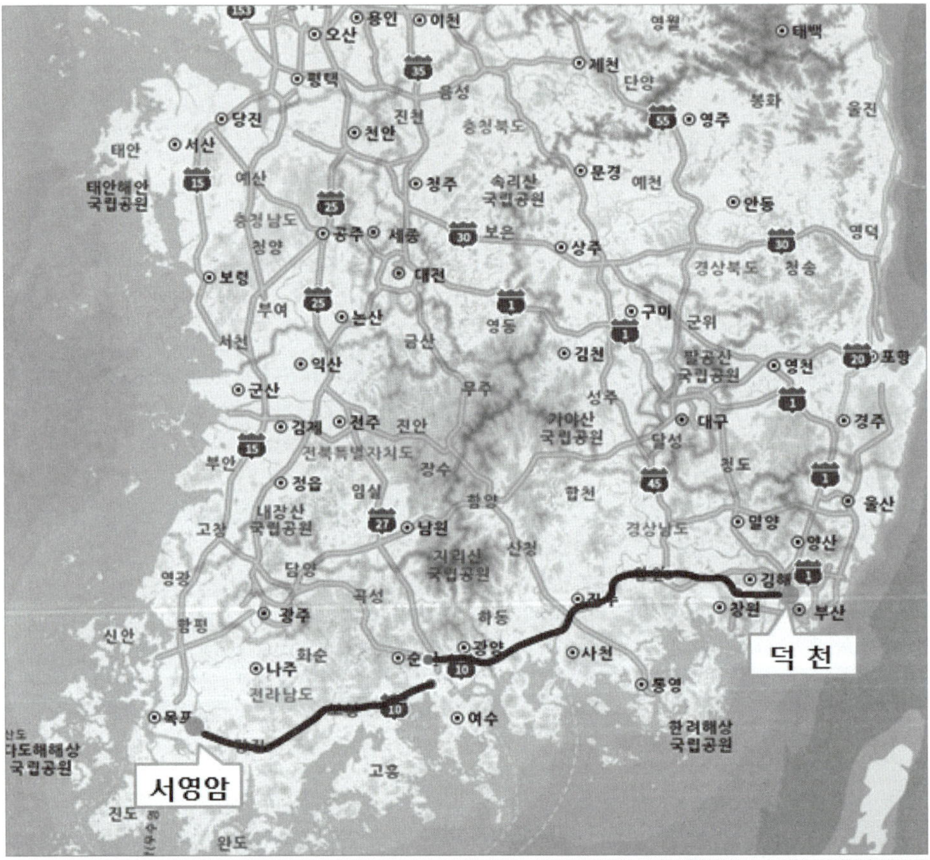

용인
이천
오산
평택
제천
영월
태백
단양
음성
봉화
울진
당진
진천
충청북도
영주
서산
천안
태안
태안해안
국립공원
예산
청주
속리산
국립공원
문경
예천
안동
충청남도
공주
세종
보은
상주
영덕
청양
경상북도
청송
보령
대전
부여
논산
영동
구미
군위
서천
금산
김천
팔공산
국립공원
영천
포항
익산
무주
성주
군산
김제
전주
진안
가야산
국립공원
대구
경주
달성
부안
전북특별자치도
장수
청도
정읍
임실
함양
합천
울산
내장산
국립공원
고창
남원
경상남도
밀양
양산
지리산
국립공원
산청
영광
담양
김해
곡성
창원
부산
함평
광주
하동
신안
광양
화순
사천
나주
통영
덕천
전라남도
목포
여수
한려해상
국립공원
다도해해상
국립공원
서영암
고흥
진도
완도

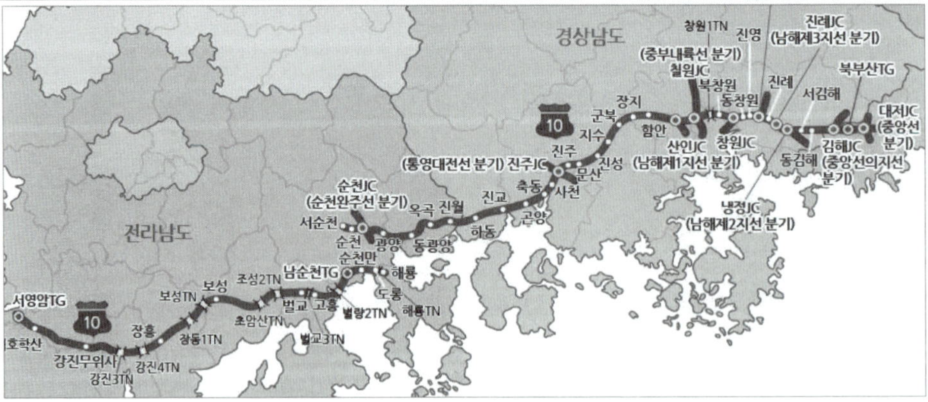

경상남도
창원1TN
진영
진례JC
(남해제3지선 분기)
(중부내륙선 분기)
칠원JC
북부산TG
장지
북창원
동창원
진례
서김해
대저JC
(중앙선 분기)
10
군북
지수
함안
산인JC
창원JC
김해JC
(중앙선의지선 분기)
진주
(통영대전선 분기) 진주JC
진성
(남해제1지선 분기)
동김해
문산
축동
사천
순천JC
(순천완주선 분기)
옥곡
진월
진교
냉정JC
(남해제2지선 분기)
서순천
곤양
전라남도
순천
광양
동광양
하동
순천만
해룡
조성2TN
남순천TG
서영암TG
보성TN
보성
도롱
벌교
고흥
별량2TN
해룡TN
호학산
장흥
장동1TN
초암산TN
벌교3TN
강진무위사
강진4TN
강진3TN

노선 개요

노선번호	제10호	국가간선도로망	동서 1축
연장(km)	273.2km	차 로	왕복 4~8차로
최초 개통	1973.11.14.	건설비	2조 2,867억 원
구 간	서영암IC(전라남도 영암군) ~ 덕천IC(부산광역시 북구)		

건설 배경

영남과 호남 사이의 지형적 장벽을 극복하고, 두 지역 간 물적·인적 교류를 원활히 하여 격차를 완화하려는 국가적 전략에 따라 추진

건설 경위

1969.	영·호남을 잇는 고속도로 타당성 조사 본격화
1972. 1 월	부산~순천 착공
1973. 11월	순천~산인, 창원~부산 개통
1978. 5 월	교통량 분산 위한 부마고속도로(남해2지선) 착공
2001. 8 월	고속국도 제10호선 지정
2001. 11월	산인~창원 개통
2012. 4 월	목포(영암)~순천 개통으로 전남 남해안권 접근성 강화

건설 효과

● 경제적 편익

경제적 편익	출처
(부산–순천) 순천~부산 3시간 내 단축	한국민족문화대백과사전
(영암–순천) 주행거리/시간 40km/1시간 단축 물류비 연간 1천억원 절감	「영암~순천 남해고속도로 전 구간 조기 개통」 (2012년, 국토해양부 보도자료)

● 사회적 효과
• 영·호남을 일일생활권으로 묶으며 교류 증진에 기여

● 상징적 효과
• 1970년대 동남권 해안지대 중화학 공업벨트 조성사업 등 경제개발의 첫 삽과 함께, 경남 중화학 공업 발전의 밑거름

남해·호남고속도로 준공식

섬진강교

부산-마산 고속도로 기공식

남순천-광양 확장 기공식

목포-광양 기공식

벌교대교

노선도

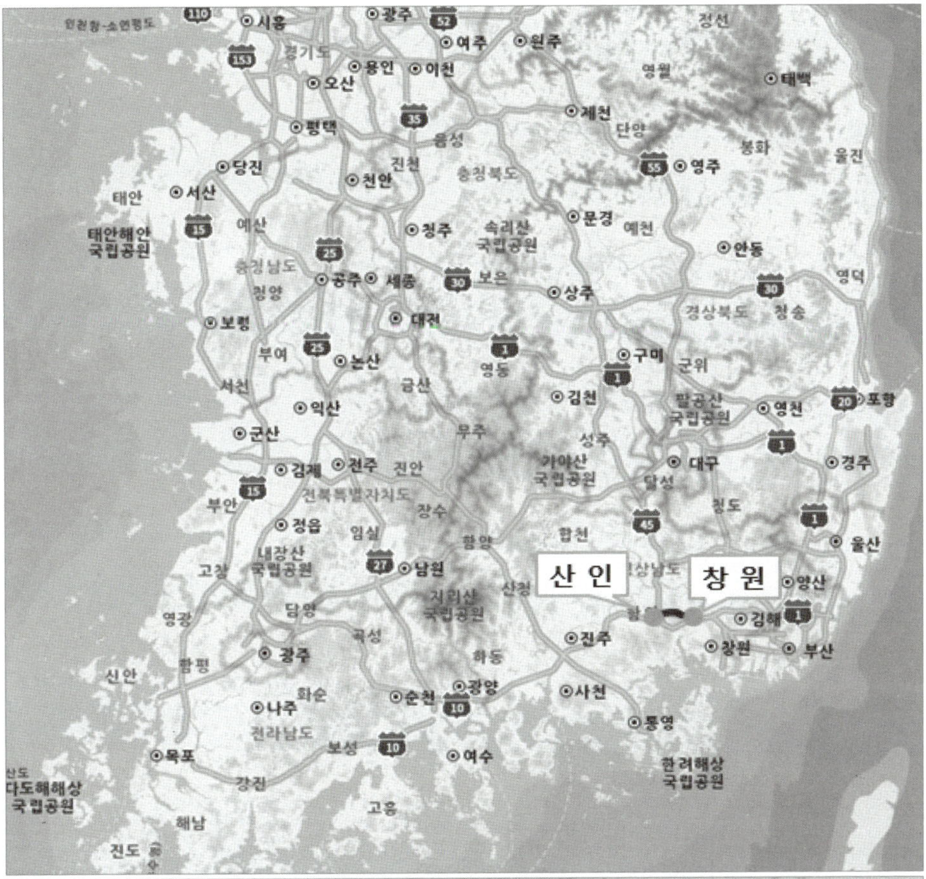

경상남도

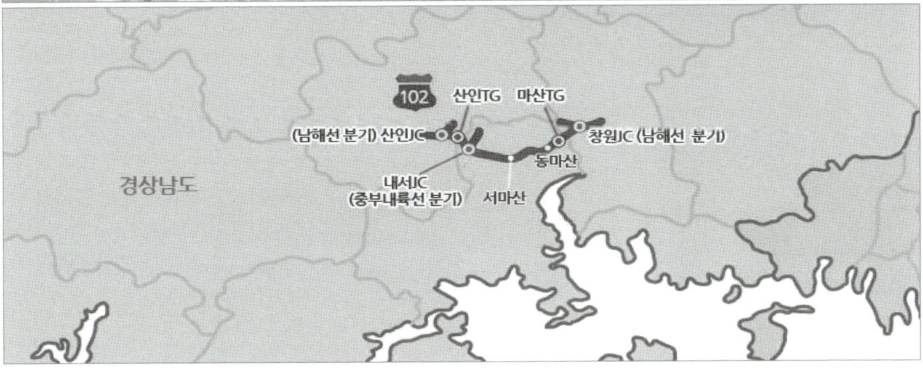

102 산인TG 마산TG
(남해선 분기) 산인JC   창원JC (남해선 분기)
내서JC   동마산
(중부내륙선 분기)   서마산

노선 개요

노선번호	제102호	국가간선도로망	동서 1축(지선)
연장(km)	17.9km	차 로	왕복 4차로
최초 개통	1973.11.14.	건설비	남해고속도로 건설비에 포함
구 간	산인JCT(경상남도 함안군) ~ 창원JCT(경상남도 창원시)		

건설 배경

1970년대 초반 경상도와 전라도를 잇는 최초의 남해안 종단 도로로서, 두 지역 간 장벽을 허물고 경제권을 통합하기 위해 건설

건설 경위

1972. 1 월	남해고속도로 전 구간 착공
1973. 11월	산인~창원 개통(당시 남해선 본선)
2001. 11월	우회 노선 '마산외곽고속도로(산인~창원분기점)' 개통
2008. 11월	노선 개편으로 본선 지위를 마산외곽선에 넘기고 '남해고속도로 제1지선'으로 명칭 변경

건설 효과

● 사회적 효과

• 창원 내부로 직접 진입하는 관문 역할을 수행하고, 마산·창원 시민들의 출퇴근 및 물류 이동 편의를 제공

● 상징적 효과

• 30년 넘게 남해고속도로의 본선 역할을 했던 대한민국 산업화의 상생적 유산

동마산나들목(경남도민일보)

산인분기점(위키백과)

마산톨게이트

내서톨게이트(위키백과)

동해고속도로

노선도

속초
청대TN
북양양
양양(서울양양선 분기)
하조대
65
남양양
북강릉
강릉JC (영동선 분기)
강릉
강릉5TN
남강릉
옥계
망상
동해
삼척
근덕TN
근덕

강원특별자치도

경기도

충청북도

경상북도

영덕분기
남영덕
북포항
청하TN
영일만

남포항
남포항TG
65
오천5TN
문무대왕5TN
문무대왕1TN
동경주
외동2TN
남경주
범서4TN
척과구룡

특별자치도

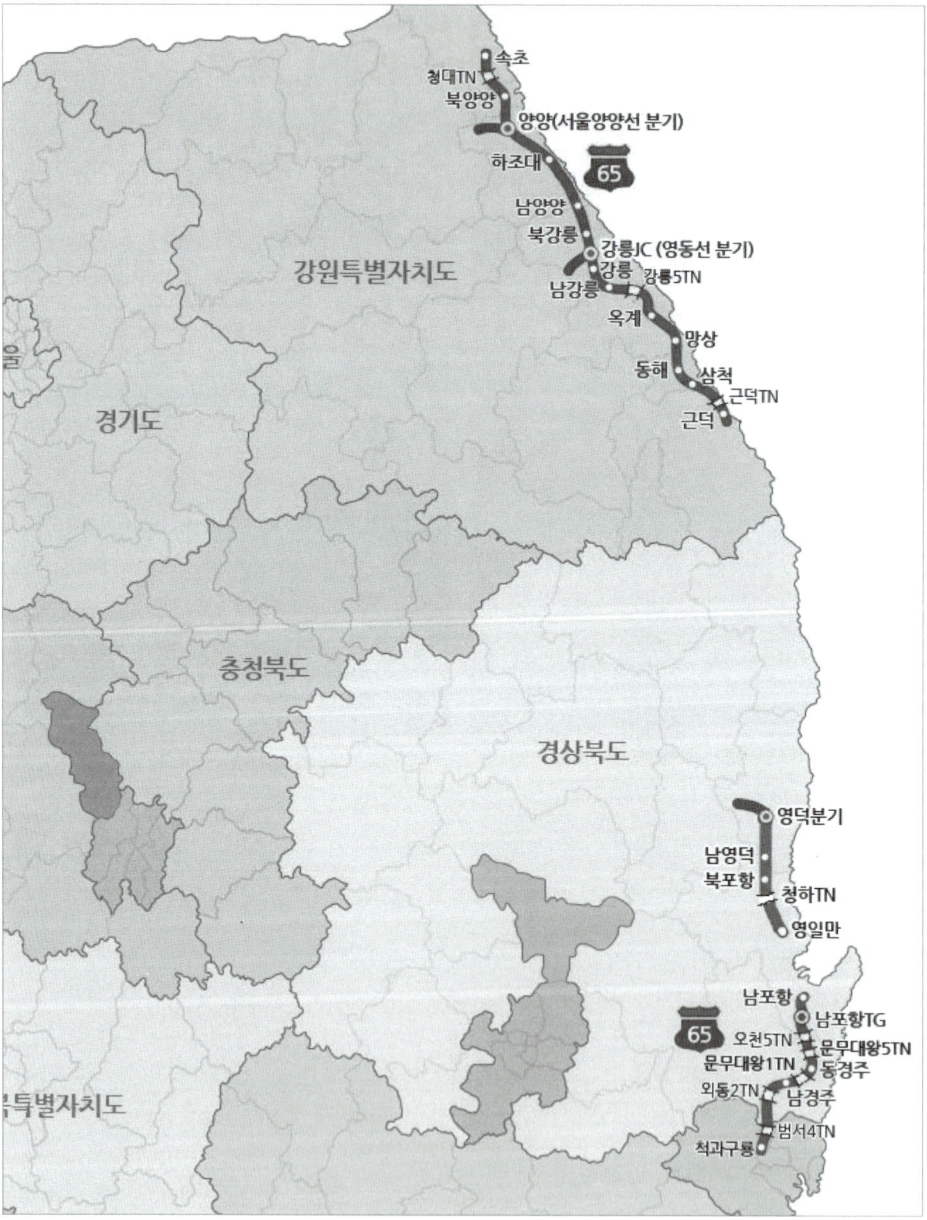

노선 개요

노선번호	제65호	국가간선도로망	남북 10축
연장(km)	206.3km	차 로	왕복 4차로
최초 개통	1975.10.14.	건설비	5조 662억 원
구 간	속초IC(강원특별자치도 속초시) ~ 근덕IC(강원특별자치도 삼척시) 영덕JCT(경상북도 영덕군) ~ 영일만IC(경상북도 포항시) 남포항IC(경북도 포항시) ~ 척과구룡IC(울산광역시 울주군)		

건설 배경

1960년대 말 IBRD(세계은행) 합동 조사 결과, 태백산맥 일대 지하자원 개발과 동해안 산업단지의 물류 수송을 위해 고속도로 건설 필요성이 대두되었으며, 태백산맥에 갇혀 고립되어 있던 강원 영동지역과 경북 동해안 지역의 접근성 향상 도모

건설 경위

1966.	정부·세계은행 합동조사 결과 "태백산지·동해안 개발을 위한 산업도로 필요"
1974. 3 월	묵호~강릉 착공
1975. 10월	동해~남양양 개통
1981. 7 월	노선명을 '동해고속도로'로 변경
1998. 7 월	강릉~주문진 착공
1999. 12월	동해~강릉 착공
2001. 10월	노선번호 체계 개편으로 고속국도 제65호선 지정
2001. 11월	강릉~주문진 개통
2004. 12월	강릉~동해 개통
2004. 12월	울산~포항 타당성 조사 및 기본설계 완료
2008. 9 월	광역경계권 30대 선도프로젝트 '남북7축고속도로(울산-영덕, 동해-삼척, 주문진-속초)' 지정
2009. 11월	남양양~하조대 개통
2011. 11월	포항~영덕 타당성 조사 완료
2015. 6 월	울산~포항 착공
2015. 12월	포항~영덕 실시설계 완료
2015. 12월	울산~포항 개통
2016. 8 월	포항~영덕 착공
2016. 9 월	삼척~동해 개통
2016. 11월	양양~속초 개통
2025. 11월	포항~영덕 개통

건설 효과

● 경제적 편익

경제적 편익	출처
(묵호~강릉) 주행시간 1시간 단축	「영동–동해고속도로 개통」(조선일보, 1975년)
(남양양~하조대) 주행거리/시간 3km/4분 단축 연간 물류비 215억원 절감	「도공, 주문진~속초(현남~하조대) 15.2km 개통」 (머니투데이, 2009년)
(울산~포항) 주행거리/시간 21km/28분 단축 연간 최대 1,300억원 편익	「'부산–울산–포항' 빨라진다… 울산–포항 고속도로 29일 개통」 (국토교통부, 2015년)
(삼척~동해) 주행시간 21분 단축 연간 편익 327억원, 대기오염 감소비 8억원	「동해안이 빨라진다, 삼척~동해고속도로 개통」 (국토교통부, 2016년)
(양양~속초) 주행거리/시간 9km/50분 단축 연간 1,264억원 물류비 절감	「동해고속도로 양양~속초 구간 24일 개통」 (국토교통부, 2016년)
(포항~영덕) 주행거리/시간 6km/23분 단축 연간 최대 430억원 편익	「포항~영덕 동해고속도로 개통 물류·관광 새 지평」 (국토교통부, 2025년)

● 사회적 효과

• 영동지역 교통망 확충에 따른 천연자원과 관광사업 활성화 기반 마련

● 상징적 효과

• 남북한 연결 도로망의 핵심축으로서 남북 경제 협력의 미래
• 동해안 지역의 물류 중심지이자 관광중심지로의 도약을 이끄는 중심축

동해고속도로 기공식

동해휴게소

강릉-동해 개통식

남포항톨게이트(경북일보)

양양분기점

포항-영덕 개통식

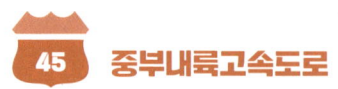

45 중부내륙고속도로

노선도

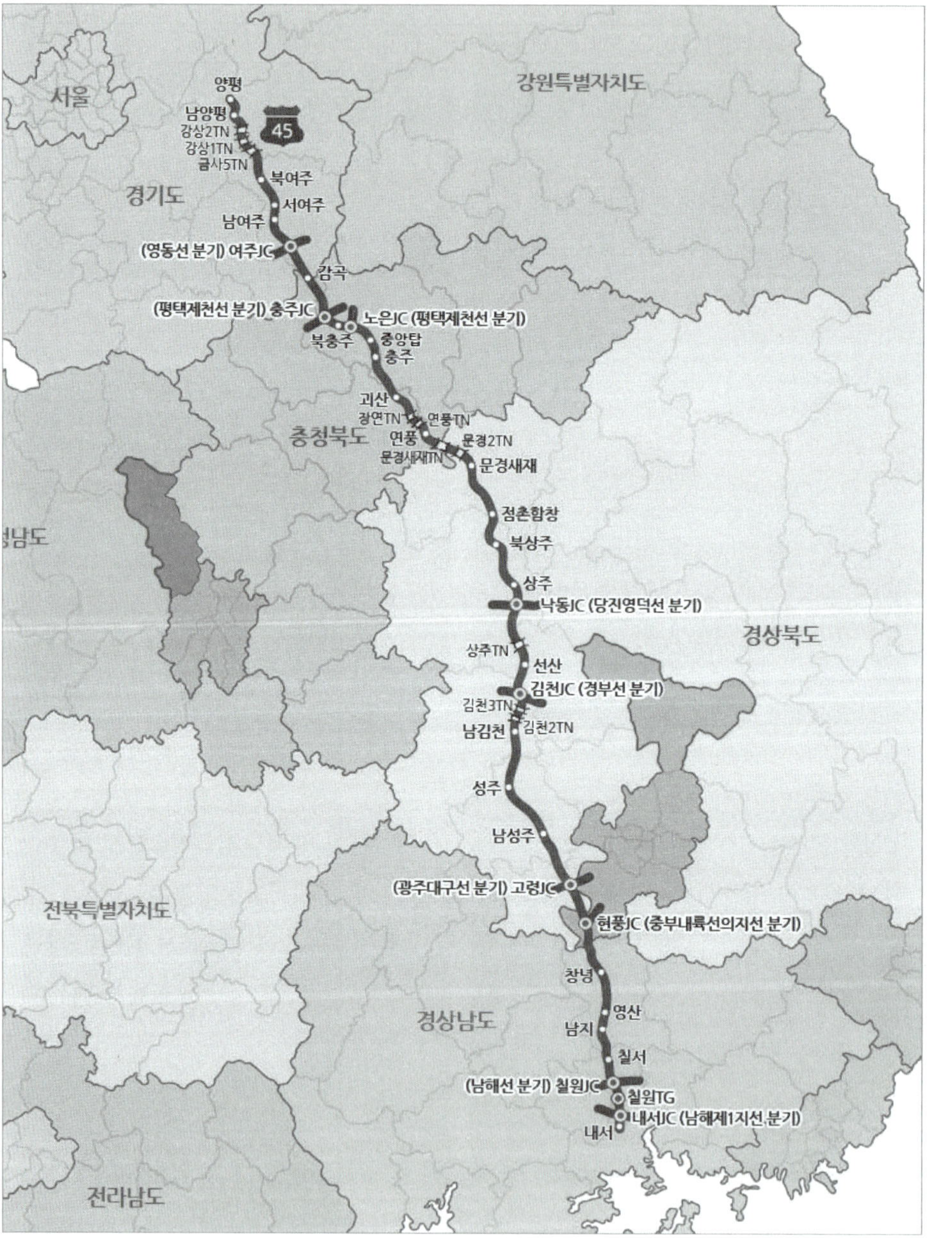

서울
양평
강원특별자치도
45
남양평
강상2TN
강상1TN
금사5TN
북여주
경기도
서여주
남여주
(영동선 분기) 여주JC
감곡
(평택제천선 분기) 충주JC
노은JC (평택제천선 분기)
북충주
중앙탑
충주
괴산
장연TN
연풍TN
충청북도
연풍
문경2TN
문경새재TN
문경새재
점촌함창
북상주
상주
낙동JC (당진영덕선 분기)
경상북도
상주TN
선산
김천JC (경부선 분기)
김천3TN
남김천
김천2TN
성주
남성주
(광주대구선 분기) 고령JC
전북특별자치도
현풍JC (중부내륙선의지선 분기)
창녕
영산
경상남도
남지
칠서
(남해선 분기) 칠원JC
칠원TG
내서JC (남해제1지선 분기)
내서
전라남도

노선번호	제45호	국가간선도로망	남북 7축, 동서 5축
연장(km)	301.7km	차 로	왕복 4차로
최초 개통	1977.12.17.	건설비	3조 7,449억 원
구 간	양평IC(경기도 양평군) ~ 내서IC(경상남도 창원시)		

건설 배경

경부고속도로와 중부고속도로의 정체 문제 해결과 영남권 물동량을 수도권으로 신속히 수송할 제2의 종단축이 필요하였으며, 충북(충주, 괴산)과 경북(문경, 상주) 등 상대적으로 개발이 뒤처졌던 중부내륙 지역의 접근성을 높여 지역 균형 발전을 위해 건설

건설 경위

1988. 10월	고속도로 건설 타당성 조사 완료
1992. 4 월	여주~김천을 고속국도 제18호 '중부내륙선' 지정
1996. 10월	상주~구미 착공
2001. 8 월	노선번호 체계 개편으로 고속국도 제45호선 '중부내륙선' 지정
2001. 9 월	상주~김천 개통
2002. 12월	충주~여주 개통
2004. 12월	북상주~괴산~충주 전 구간 개통으로 경북과 충북 연결
2007. 11월	현풍~김천 개통으로 마산에서 여주까지 노선 완성
2012. 12월	여주~양평 최종 개통으로 전 구간 완공

건설 효과

경제적 편익

경제적 편익	출처
(여주–김천) 주행거리 29km 단축 연간 물류비 2,100억원 절감 경부고속도로 교통량 20% 흡수	「중부내륙 고속도로 개통식 축사」 (국정홍보처, 2004년)
(현풍–김천) 주행거리/시간 19.3km/41분 단축 연간 물류비 1,058억원 절감	「현풍–김천 고속도로 개통식 치사」 (정책브리핑, 2007년)

사회적 효과
• 경부고속도로 혼잡 완화, 충주·괴산·문경 등 내륙 거점 도시의 산업인프라 획기적 개선

상징적 효과
• 수도권과 영남을 잇는 물류 루트로서 대한민국의 산업 생산성을 뒷받침

여주-구미 기공식

여주-구미 건설(한국정책방송원)

현풍-김천 개통

북여주-양평 개통

양평-조안대교 건설

김천분기점

노선도

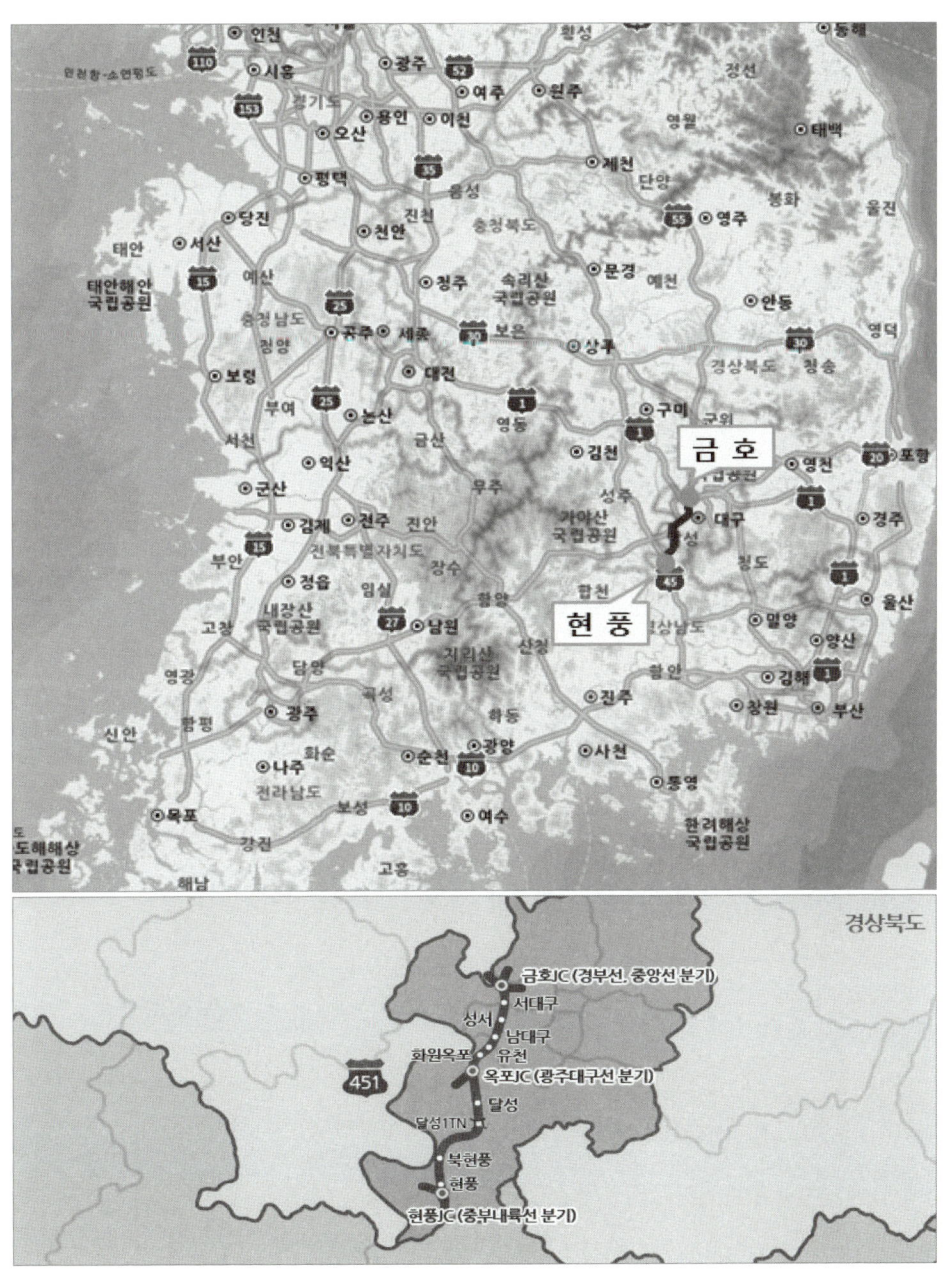

노선번호	제451호	국가간선도로망	남북 7축(지선)
연장(km)	30km	차 로	왕복 4~8차로
최초 개통	1977.12.17.	건설비	244억 원
구 간	현풍JCT(대구광역시 달성군) ~ 금호JCT(대구광역시 북구)		

건설 배경

1970년대 영남 내륙 물동량 증가와 대구~마산 산업벨트 구축을 위해 기획되었고, 영남권 공업 중심지인 대구와 남해 항만(마산항)과의 신속한 연결을 위해 건설

건설 경위

1976. 3 월	—	칠곡~창원 고속국도 제17호선 '대구마산선' 지정
1976. 6 월	—	착공
1977. 12월	—	현풍~대구 개통
1981. 11월	—	노선명 '구마고속도로'로 변경
2001. 8 월	—	노선 체계 개편으로 제451호 '중부내륙고속도로지선' 분리 지정
2025. 11월	—	유천하이패스IC 기공

건설 효과

●) 사회적 효과
• 중부 내륙 본선 교통량의 효율적 분산과 산학연 클러스터의 교류 촉진

●) 상징적 효과
• 영남 내륙이 수출 주도형 경제 성장기에 국가 발전을 견인했음을 보여줌

| 기공식 | 준공식 |

| 확장 개통식 | 서대구나들목 |

| 성서나들목 | 유천하이패스나들목 기공식 |

노선도

냉정

사상

경상남도

(남해선 분기)
냉정JC
장유
서부산TG
104
가락
서부산
사상

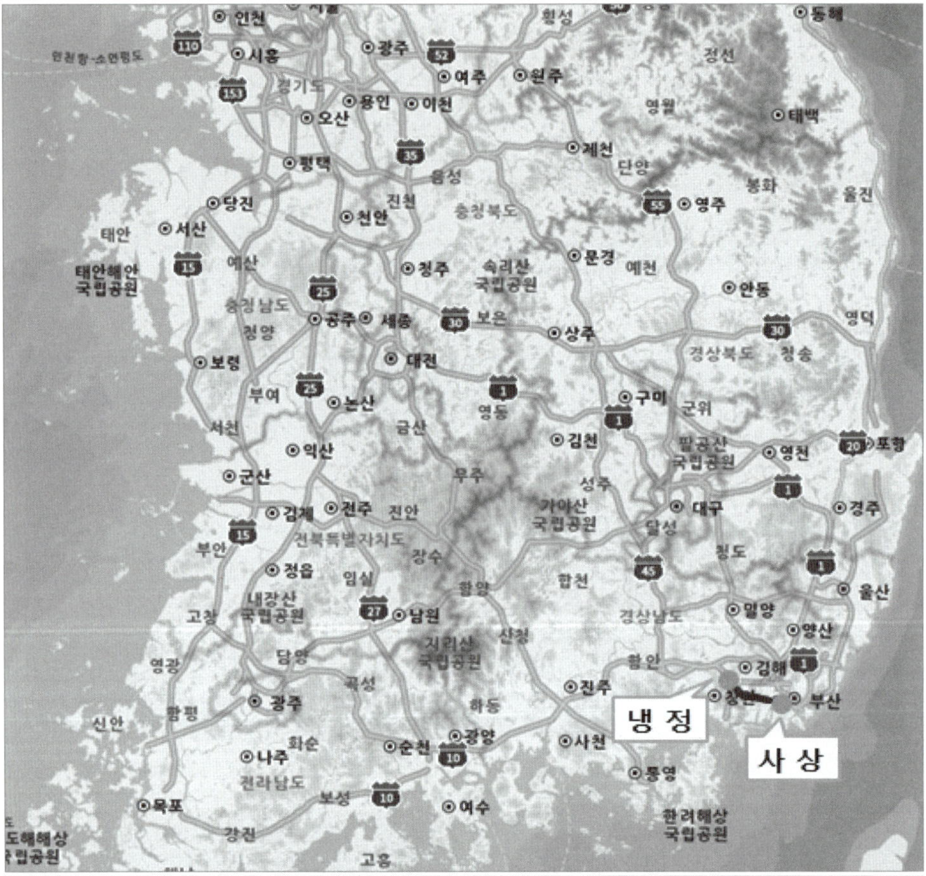

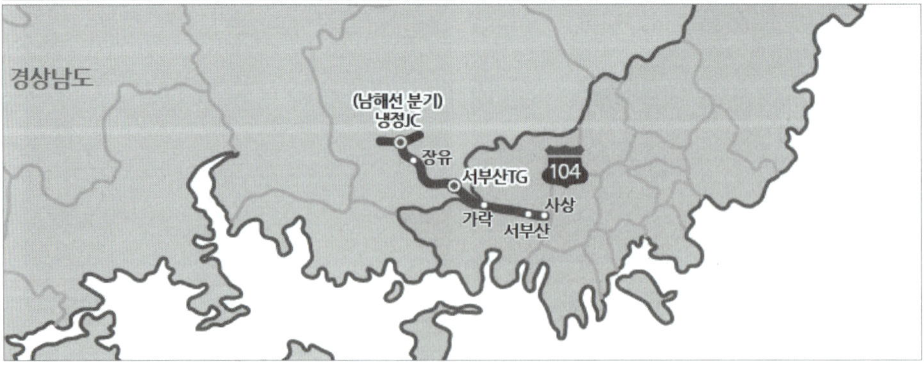

노선 개요

노선번호	제104호	국가간선도로망	–
연장(km)	20.3km	차 로	왕복 6, 8차로
최초 개통	1981.09.04.	건설비	680억 원
구 간	냉정JCT(경상남도 김해시) ~ 사상IC(부산광역시 사상구)		

건설 배경

1970년대 후반 창원 기계공업단지와 마산 수출자유지역이 본격 가동되면서, 기존 남해고속도로의 극심한 정체를 해결하기 위해 추진

건설 경위

1978. 5 월 —— 냉정~사상 착공
1978. 6 월 —— 고속국도 제9호선 '부산마산고속도로'로 지정
1981. 9 월 —— 전 구간 왕복 4차로 개통 및 운영
1981. 11월 —— '남해고속도로지선'으로 명칭 변경 및 노선번호 6-2호로 조정
1992. 4 월 —— '남해 제2지선 고속도로'로 개칭
2001. 8 월 —— 노선번호 체계 개편으로 고속국도 제104호선 지정

건설 효과

● 경제적 편익

경제적 편익	출처
남해고속도로의 교통량 분산 공업단지와 직접 연결 및 운송비 절감	「부마고속도 개통」(매일경제, 1981년)

● 사회적 효과
• 소외된 내륙 지역의 접근성을 높여 지역 균형 발전을 이끎
• 부산과 경남 지역을 하나의 거대 생활권으로 통합하는 데 기여

● 상징적 효과
• 경부고속도로를 대신하는 새로운 국가 물류 축의 완성 상징

기공식(KTV)

가락톨게이트

서부산톨게이트(두산세계대백과)

서부산톨게이트

서부산낙동강교

서부산휴게소

광주대구고속도로 무안광주고속도로

노선도

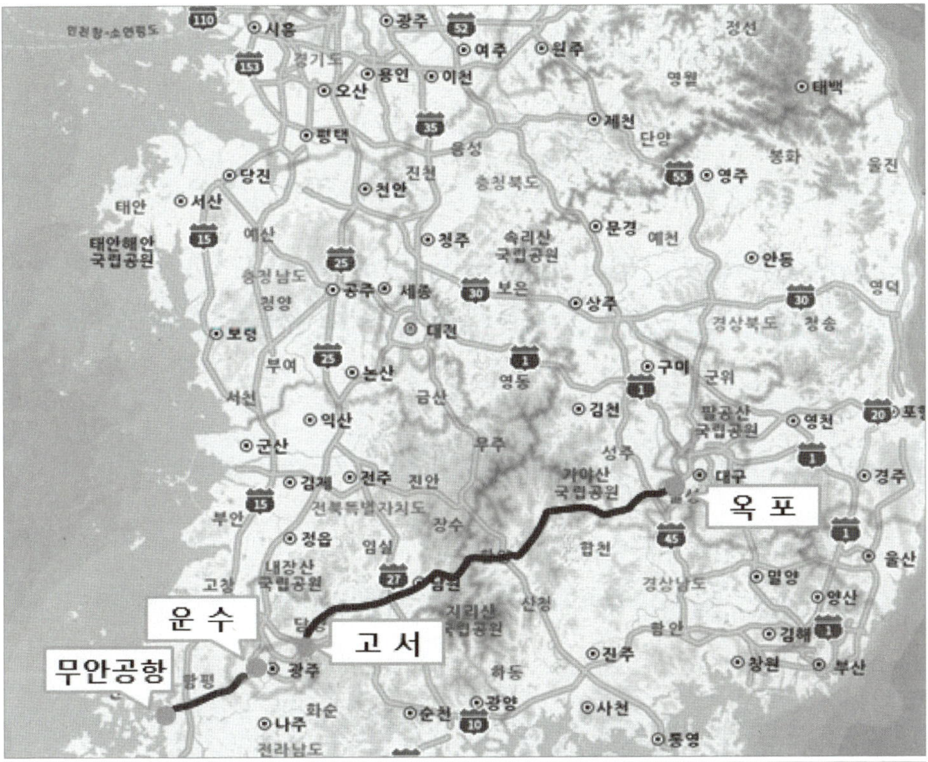

노선 개요

노선번호	제12호	국가간선도로망	동서 2축
연장(km)	223.2km	차 로	왕복 4, 6차로
최초 개통	1984.06.27.	건설비	8,146억 원
구 간	무안공항IC(전라남도 무안군) ~ 운수IC(광주광역시 광산구) 고서JCT(전라남도 담양군) ~ 옥포JCT(대구광역시 달성군)		

건설 배경

(광주대구) 전라도와 경상도 지역 간의 심리적·물리적 거리를 좁히고 국민화합을 도모하기 위해 박정희 정부에서 기획되고 전두환 정부에서 완공

(무안광주) 무안공항에 대한 접근성을 높여 공항 이용객의 편의를 증진하고, 광주와 전남 서남부권 간의 행정 및 물류 연계 강화

건설 경위

1980. 9 월 —— 전두환 대통령 전북 순시, 영·호남 연결 고속도로 방안 검토 지시
1980. 11월 —— 건설부에 광주~대구고속도로 건설 지시 및 고속도로 건설계획 발표
1981. 11월 —— 88올림픽고속도로 착공
1984. 6 월 —— 88올림픽고속도로(담양~달성) 전 구간 2차로 개통
2002. 12월 —— 무안광주고속도로 착공
2007. 11월 —— 무안공항~나주 개통
2008. 5 월 —— 무안광주고속도로 전 구간 개통
2015. 12월 —— 광주~대구 4차로 확장 및 명칭 변경(광주대구고속도로)

건설 효과

●) 경제적 편익

경제적 편익	출처
(광주대구) 주행거리/시간 20km /2시간 30분 단축 연간 차량운행비 320억원, 운행시간 61억원 절감	「88올림픽고속도로 의의와 효과」 (1984년, 국토개발연구원)
(무안광주) 주행시간 27분 단축, 연간 물류비 1,455억원 절감	「무안-광주간 고속도로 전구간 완전개통」 (2008년, 국토해양부)

●) 사회적 효과
• 산악지형으로 인해 교통이 불편했던 남부 내륙 소외지역의 산업 발전 기여

●) 상징적 효과
• 영호남 화합의 상징으로, 전라도와 경상도를 가로지르는 최초의 고속도로
• 한반도 남부를 동서로 잇는 가로축을 형성

개통식

낙동강대교

지리산휴게소 준공기념탑(국가기록원)

무안-나주 개통

무안광주 문평터널

동광산톨게이트

35 중부고속도로 통영대전고속도로

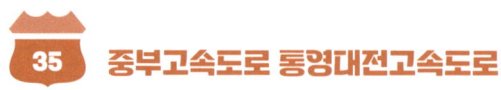

노선도

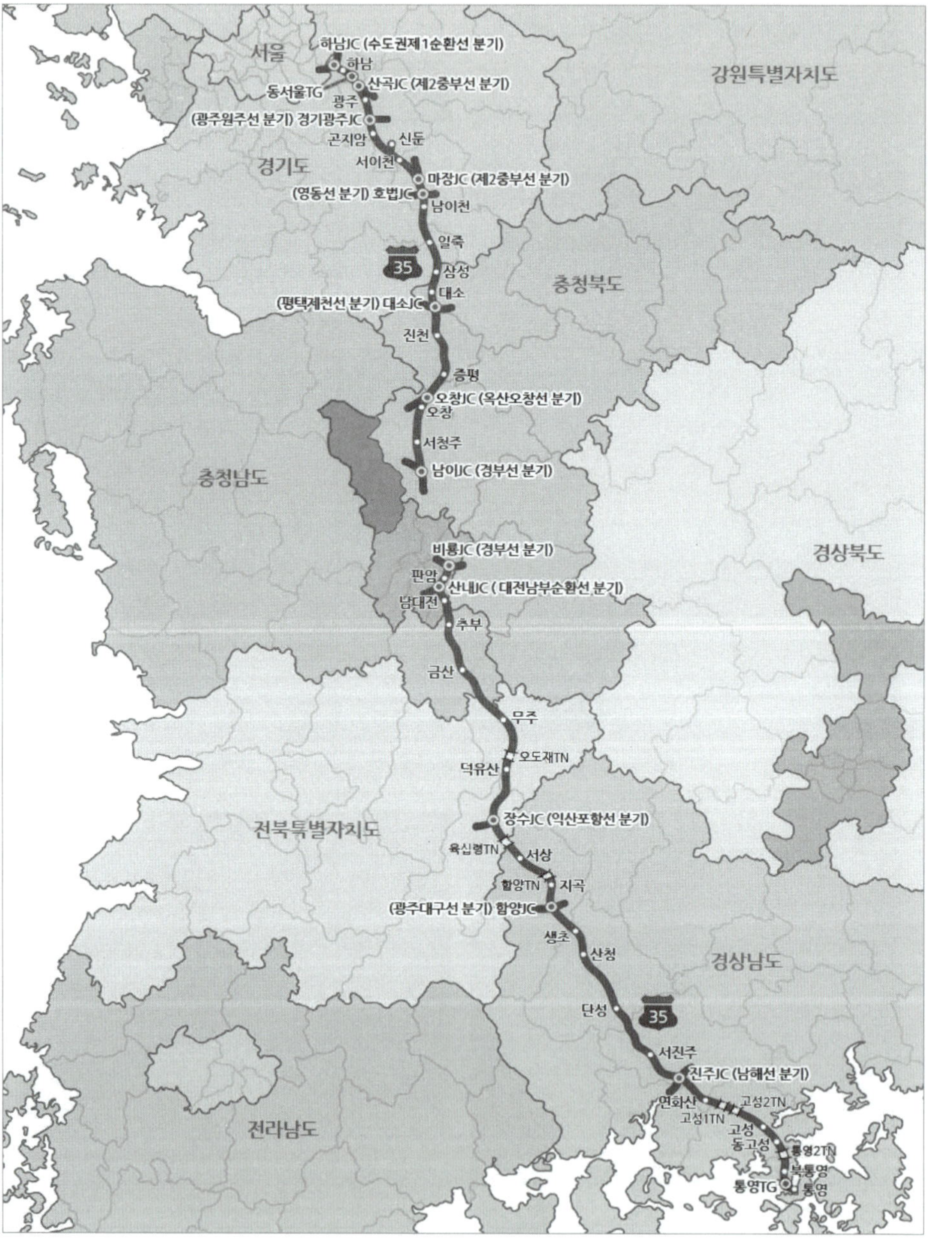

하남JC (수도권제1순환선 분기)
서울
하남
동서울TG
산곡JC (제2중부선 분기)
광주
강원특별자치도
(광주원주선 분기) 경기광주JC
곤지암
신둔
경기도
서이천
마장JC (제2중부선 분기)
(영동선 분기) 호법JC
남이천
일죽
35
삼성
충청북도
대소
(평택제천선 분기) 대소JC
진천
증평
오창JC (옥산오창선 분기)
오창
서청주
충청남도
남이JC (경부선 분기)
경상북도
비룡JC (경부선 분기)
판암
산내JC (대전남부순환선 분기)
남대전
추부
금산
무주
오도재TN
덕유산
장수JC (익산포항선 분기)
전북특별자치도
육십령TN
서상
함양TN
지곡
(광주대구선 분기) 함양JC
생초
산청
경상남도
단성
35
서진주
진주JC (남해선 분기)
연화산
고성2TN
고성1TN
고성
동고성
통영2TN
북통영
통영TG
통영
전라남도

노선 개요

노선번호	제35호	국가간선도로망	남북 5, 6축
연장(km)	332.5km	차로	왕복 4, 8차로
최초 개통	1987.12.03.	건설비	3조 1,339억 원
구간	하남JCT(경기도 하남시) ~ 남이JCT(충청북도 청주시) 비룡JCT(대전광역시 동구) ~ 통영IC(경상남도 통영시)		

건설 배경

(중부선) 1980년대 초 경부고속도로의 포화를 해결하기 위해 제2의 경부축으로 기획

(통영대전선) 육상 교통망에서 소외되었던 진주, 함양 등 경남 서부 내륙 산간지역의 균형 발전과, 남해 수산물 및 산업 원자재의 수도권 운송 목적으로 건설

건설 경위

1983. 12월	제5차 경제개발 5개년 계획에 '서울~대전 고속도로' 포함
1984. 2 월	고속도로 건설계획 수립 및 공식화
1985. 3 월	타당성 조사 완료
1985. 4 월	(중부고속도로) 하남~남이 착공
1987. 12월	(중부고속도로) 하남~남이 전 구간 개통
1992. 3 월	(통영대전고속도로) 함양~진주 착공
1995. 5 월	고속국도 제10호 '중부고속도로' 지정
1995. 11월	(통영대전고속도로) 무주~함양 착공
1995. 12월	(통영대전고속도로) 대전~무주 착공
2000. 12월	(통영대전고속도로) 대전~무주 개통
2001. 11월	무주~함양 완공으로 대전~진주 구간 전면 개통
2002. 12월	'대전통영고속도로'에서 '통영대전고속도로' 명칭 변경
2005. 12월	진주~통영 최종 개통으로 '통영대전고속도로' 완공

건설 효과

● 경제적 편익

경제적 편익	출처
(중부선) 경부선 교통량의 30~40% 전향	한국민족문화대백과사전 「한국도로사」(1981년, 한국도로공사)
(대전-진주) 주행시간 2시간 감소 시간편익 2,764억원, 운행편익 529억원	「Expressway Construction and Management」 (2013년, 국토부, KDI, 서울대학교)

● 사회적 효과
• **(중 부 선)** 서울 및 경기 일부 지역 인구 6% 감소 → 경기 남부 인구 6.2% 증가
            수도권과 중부권을 연결하여, 고속 교통량 효율적 분산

• **(통영대전)** 진주, 산청 등 남해안 관광지 활성화에 기여
            국도 교통량 대부분 분산, 신산업지대 배후도시 기능의 지역생활체계 재정립, 풍부
            한 위락자원 정비로 토지자원 효율적인 이용개발

● 상징적 효과
• (중부선) 경부고속도로의 부담 완화 및 중부내륙 개발 촉진
• (통영대전선) 접근성 향상으로 남해안 지역 관광 및 산업의 대동맥 역할

중부고속도로 건설 기공

대전진주고속도로 건설기공

중부고속도로 개통

통영대전고속도로(통영-진주) 개통

통영대전고속도로 진주분기점

중부고속도로 하남분기점

노선도

일산

퇴계원

판교

인천항·소연평도

(수도권제1순환선 분기)
자유로JC 일산
김포
김포TG
노오지JC (인천국제공항선 분기)
(경인선 분기) 서운JC 계양
중동
송내
장수
시흥 시흥TG
(제2경인선 분기) 안현JC
도리JC
(서해안선 분기) 조남JC 산본
수암TN 수리TN 평촌
학의JC
청계TG

퇴계원
구리
남양주
토평
강일
상일
하남JC (제2중부선 분기)
서하남
송파
성남TG
성남
판교JC (경부선 분기)

서울
경기도

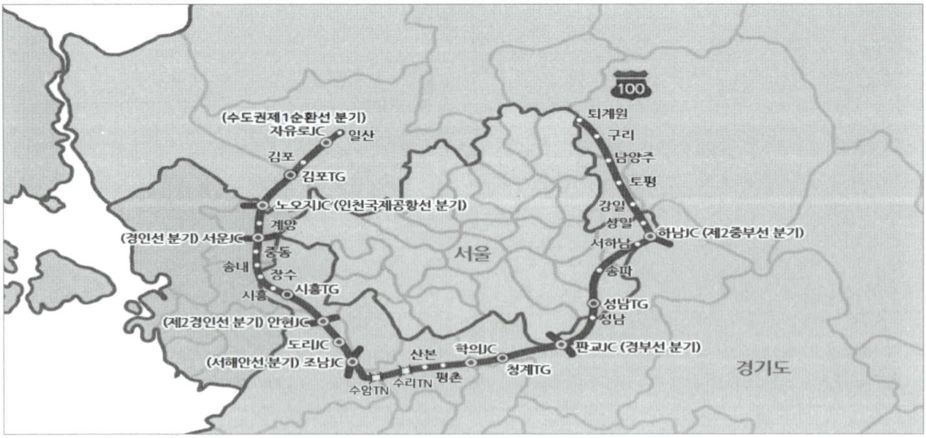

노선 개요

노선번호	제100호	국가간선도로망	순환 1축, 남북 5, 6축, 동서 9축(지선)
연장(km)	91.7km	차 로	왕복 8차로
최초 개통	1991.11.29.	건설비	3조 5,332억 원
구 간	일산IC(경기도 고양시)~판교IC(경기도 성남시)~퇴계원IC(경기도 구리시)		

건설 배경

1980년대 말 '1기 신도시' 건설에 따라 폭증하는 서울 도심 통과 교통량을 분산하여 정체를 완화하고, 서울을 중심으로 방사형으로 뻗은 경부·중부·서해안고속도로 등 주요 간선도로를 하나로 묶어 수도권 전체를 유기적으로 연결하려는 목적

건설 경위

1998. 1 월	판교~구리 고속도로 건설 계획 발표
1998. 2 월	판교~구리 착공(IBRD 차관 도입)
1991. 11월	판교~구리 개통
1991. 12월	노선명을 '서울외곽순환선'으로 변경
1995. 7 월	판교~산본 개통
1996. 10월	산본~평촌 개통
1998. 7 월	서운~장수 개통
1999. 11월	평촌~김포 개통
1999. 11월	판교~일산 전 구간 개통
2007. 12월	전 구간 연결 완성
2020. 9 월	노선명을 '수도권제1순환고속도로'로 공식 변경

건설 효과

● 경제적 편익

경제적 편익	출처
수행거리/시간 10.9km/50분 단축 연간 물류비 7,662억원 절감	「서울외곽순환고속도로 20년만에 안전 개통」 (2007년, 건설교통부)

● 사회적 효과
• '수도권 단일 생활권' 완성과 신도시가 자립형 도시로 성장하는 핵심 인프라 역할

● 상징적 효과
• 경기도와 서울이 수평적으로 상생하는 수도권이라는 인식으로의 변화

판교-구리, 신갈-안산 기공식

강동대교 건설

판교-구리, 신갈-안산 준공식

김포-일산 기공식

안현분기점

학의분기점

110 제2경인고속도로

노선도

능 해

삼 막

(map of South Korea with highway route diagram, and detailed inset map of the 제2경인고속도로 route showing locations including 능해, 문학, 학익JC(제2경인선분기), 남동, 남인천TG, 서창JC(영동선 분기), 신천, 안현JC(수도권제1순환선 분기), 광명, 삼막, 석수, 110, 일직JC(서해안선 분기), 서울, 경기도)

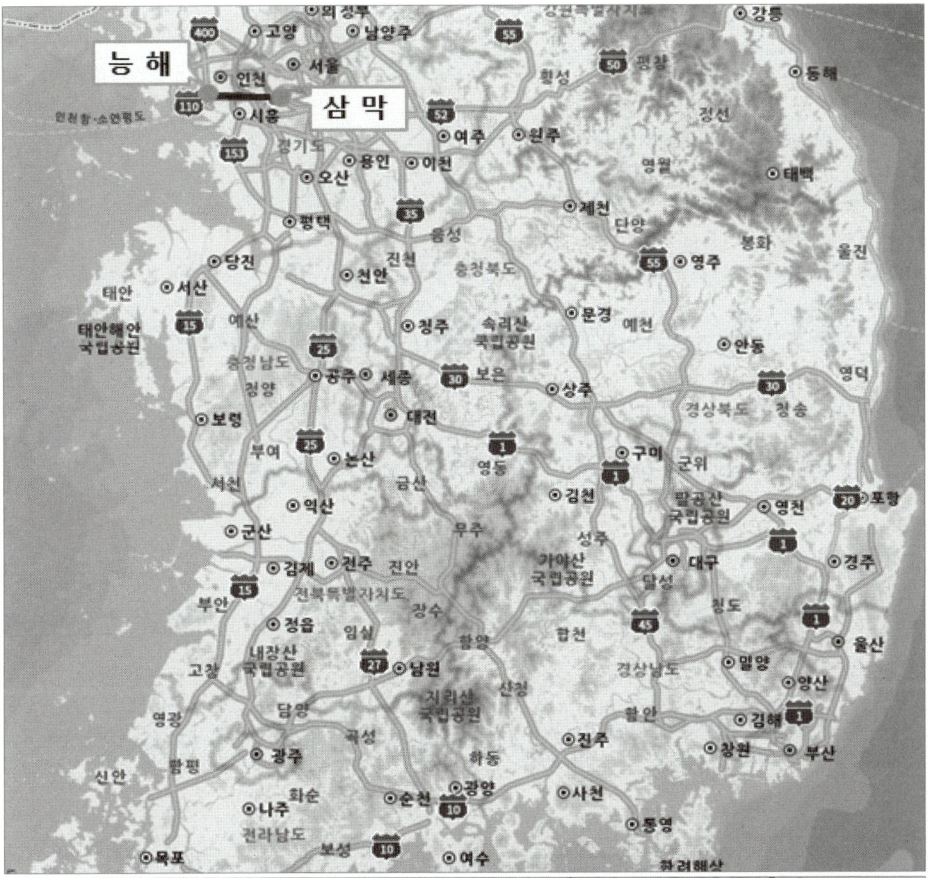

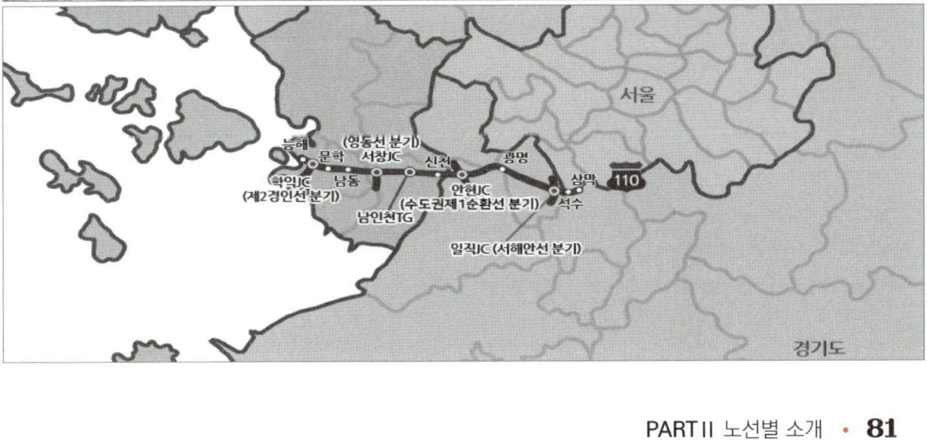

노선 개요

노선번호	제110호	국가간선도로망	남북 2축(지선), 동서 8축
연장(km)	26.7km	차 로	왕복 4~8차로
최초 개통	1994.07.06.	건설비	2,542억 원
구 간	능해IC(인천 미추홀구) ~ 삼막IC(경기도 안양시)		

건설 배경

인천항과 인천국제공항의 급증하는 물동량을 수도권 남부로 신속하게 수송하여 국가 물류 경쟁력을 높이며, 경인고속도로와 국도 46호선의 교통량을 분산 수용

건설 경위

1990. 12월 — 인천~안양 착공
1991. 7월 — 고속국도 제15호선 '제2경인고속도로'로 지정
1994. 7월 — 인천~안양 개통
2001. 8월 — 노선번호 체계 개편으로 고속국도 제110호선으로 재지정

건설 효과

●) 경제적 편익

경제적 편익	출처
경부고속도로보다 1년 앞서 개통하여 산업 거점 울산의 소비 촉진	「고속도로 효과조사 보고서」 (1973년, 건설부·국토연구원)

●) 사회적 효과
• 수도권 남부벨트를 하나의 경제권으로 묶어, 물류비용 절감을 통한 경제 발전 기여

●) 상징적 효과
• 서해의 관문과 내륙을 잇는 '대한민국의 관문 도로' 역할 수행

경인고속도로 기공식

인천대교 건설

인천대교 준공

남인천톨게이트(2019년)

인천대교(인천대교(주))

서창분기점

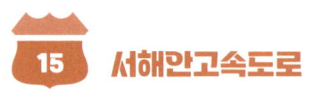

15 서해안고속도로

노선도

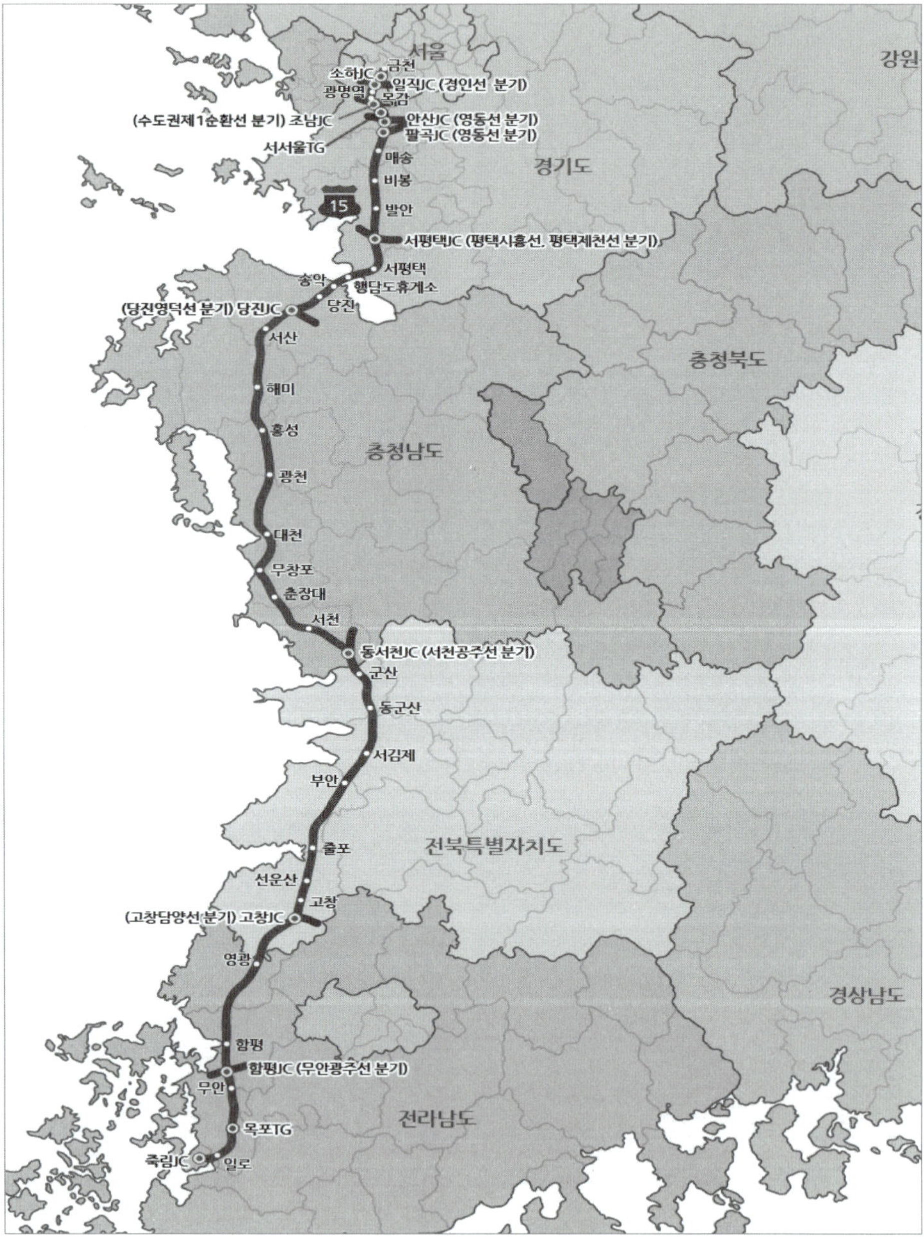
서울
금천
소하JC
일직JC (경인선 분기)
광명역
목감
(수도권제1순환선 분기) 조남JC
안산JC (영동선 분기)
팔곡JC (영동선 분기)
서서울TG
매송
비봉
발안
15
서평택JC (평택시흥선, 평택제천선 분기)
서평택
송악
행담도휴게소
당진
(당진영덕선 분기) 당진JC
서산
해미
홍성
광천
대천
무창포
춘장대
서천
동서천JC (서천공주선 분기)
군산
동군산
서김제
부안
줄포
선운산
고창
(고창담양선 분기) 고창JC
영광
함평
함평JC (무안광주선 분기)
무안
목포TG
죽림JC
일로
경기도
강원
충청북도
충청남도
전북특별자치도
전라남도
경상남도

노선 개요

노선번호	제15호	**국가간선도로망**	남북 1, 2축(지선)
연장(km)	336km	**차 로**	왕복 4~10차로
최초 개통	1994.07.06.	**건설비**	4조 7,754억 원
구 간	죽림JCT(전라남도 무안군) ~ 금천IC(서울특별시 금천구)		

건설 배경

경부고속도로 중심의 'L자형' 개발축에서 소외되었던 서해안 지역의 발전으로, 국토의 균형 발전과 대중국 교역 확대를 목표로 건설

건설 경위

1989. 12월	—	'서해안 개발 추진 계획'에서 고속도로 건설 공식화
1990. 12월	—	서해안고속도로 건설 기공식 및 인천~안산 등 착공
1993. 11월	—	서해대교 착공
1998. 9월	—	정부, 지자체, 한국도로공사 '건설촉진협의회' 구성
1994. 7월	—	능해~안산 개통
2000. 12월	—	서해대교 완공 및 당진~서천 개통
2001. 12월	—	서천~군산 개통으로 인천~목포 전 구간 개통

건설 효과

◉) 경제적 편익

경제적 편익	출처
주행시간 4시간 단축 연간 물류비 5,600억원 절감 경부선과 호남선 교통량 25% 분산	「서해안 고속도로 개통식 대통령 연설」 (2001년, 대통령기록관)

◉) 사회적 효과

• 서해안 지역 접근성 획기적 개선으로 인구 유입과 공장 입지 확대

◉) 상징적 효과

• '서해안 시대'의 개막을 선포하며 국토 개발의 패러다임을 '경부축'에서 '다핵구조'로 전환한 상징물

인천-목포 기공

무안-목포 개통식

군산나들목

서해대교 건설(국가기록원)

전 구간 개통식(국가기록원)

서해대교

중앙고속도로

노선도

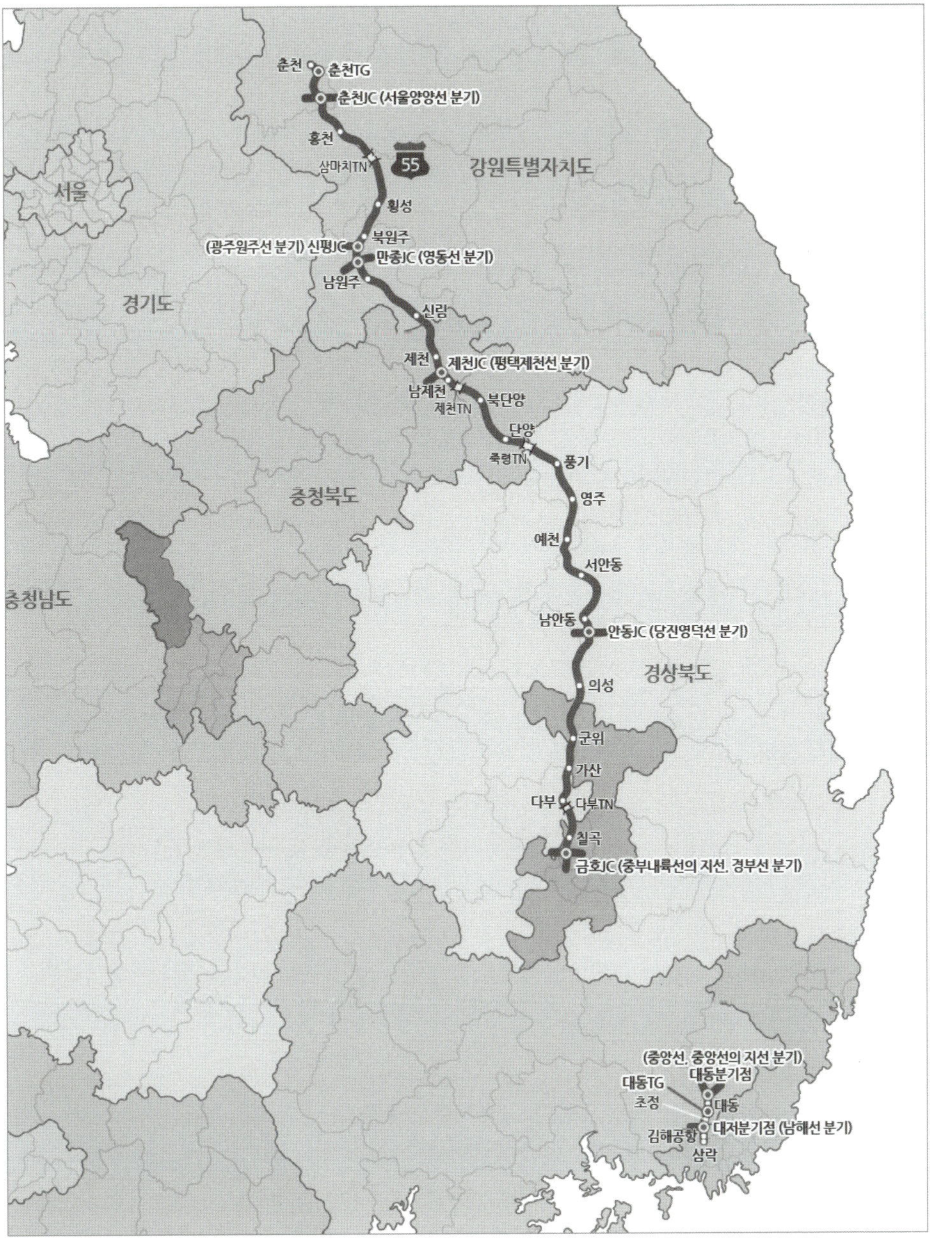

춘천 춘천TG
춘천JC (서울양양선 분기)
홍천
상마치TN
55
강원특별자치도
횡성
북원주
(광주원주선 분기) 신평JC
만종JC (영동선 분기)
남원주
신림
제천
제천JC (평택제천선 분기)
남제천
제천TN 북단양
단양
죽령TN 풍기
영주
예천
서안동
남안동
안동JC (당진영덕선 분기)
의성
경상북도
군위
가산
다부 다부TN
칠곡
금호JC (중부내륙선의 지선, 경부선 분기)

서울

경기도

충청북도

충청남도

(중앙선, 중앙선의 지선 분기)
대동분기점
대동TG
초정 대동
김해공항 대저분기점 (남해선 분기)
삼락

PART II 노선별 소개 · **87**

노선 개요

노선번호	제55호	국가간선도로망	남북 8축
연장(km)	288.7km	차 로	왕복 4, 6차로
최초 개통	1995.08.29.	건설비	1조 1,153억 원
구 간	삼락IC(부산광역시 사상구) ~ 춘천IC(강원특별자치도 춘천시)		

건설 배경

강원내륙과 경북북부 지역의 접근성을 높여 내륙 소외지역의 균형 발전을 도모하고, 영남권과 강원권을 직접 연결하는 제2의 남북 종단축을 형성하는 목적으로 건설

건설 경위

1983. 12월	'제5차 경제사회발전 5개년 계획'에 건설 계획 포함
1989. 10월	고속국도 제14호선 '중앙고속도로'로 노선 지정 및 착공
1995. 8월	춘천~홍천, 제천~만종, 금호~서안동 등 주요 구간 개통
1999. 9월	서안동~풍기 개통
2001. 8월	만종~홍천 개통
2001. 12월	죽령터널 완공, 풍기~제천 개통, 중앙고속도로 전 구간 연결

건설 효과

● 경제적 편익

경제적 편익	출처
주행시간 3시간 단축	「중앙고속도로 완전 개통, 대구~춘천 3시간 소요」 (2001년, 부산일보, 국토해양부)

● 사회적 효과

• 안동·영주·제천 등 내륙 거점 도시들의 지역 관광과 산업 활성화로, 내륙 자립 기반 마련에 기여

● 상징적 효과

• 백두대간의 장벽을 토목 기술로 극복한 '기술 자부심의 길'
• 중앙고속도로는 '내륙 발전의 희망'이라는 상징성을 가짐
 (죽령터널은 국토 보존과 개발이 조화를 이룬 상징적 구조물로 평가)

대구-제천-춘천 기공

1단계 구간 준공(국가기록원)

두음교

죽령터널

전 구간 개통식

풍기나들목

551 중앙고속도로 지선

노선도

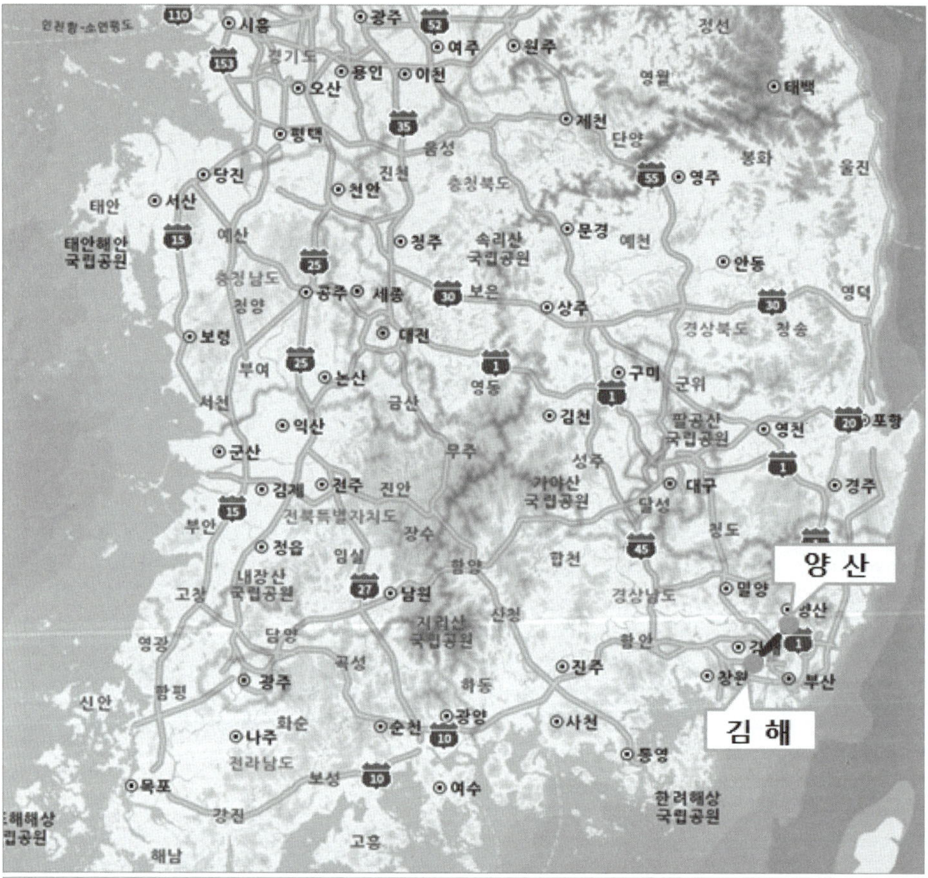

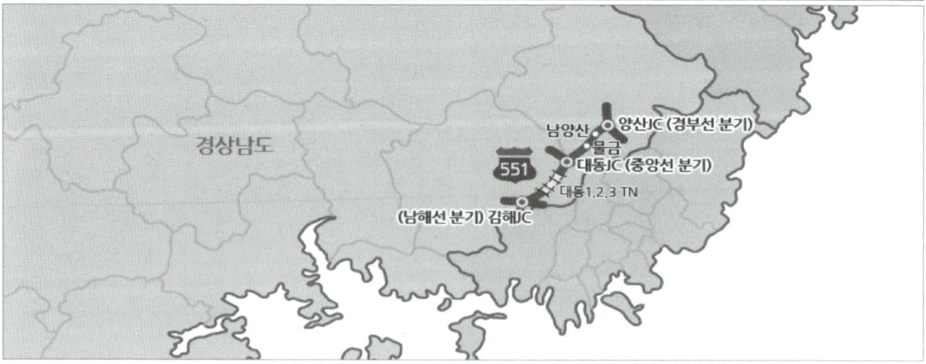

인천항·소연륙도 110 광주 52 시흥 여주 원주 정선
153 경기도 영월 태백
용인 이천 봉화 울진
오산
35 평택 제천 단양
음성
당진 진천 충청북도 55 영주
태안 서산 예산 천안 문경 예천 안동
태안해안 충청남도 청주 속리산 영덕
국립공원 15 국립공원 30
예산 25 세종 보은 상주 경상북도 청송
청양 공주 30
보령 25 대전 1 구미 군위
부여 논산 영동 김천 팔공산 영천 20 포항
서천 금산 국립공원 1
군산 무주 성주 가야산 대구 경주
김제 전주 진안 국립공원 달성 청도
15 전북특별자치도 장수 합천 45
부안 정읍 임실 함양 경상남도 밀양 양산
내장산 27 남원 지리산 산청 광산 1
국립공원 국립공원 함안 김해
고창 담양 곡성 진주 창원 부산
영광 광주 하동
신안 함평 화순 순천 광양 사천 김해
나주 10 통영
목포 전라남도 보성 10 여수 한려해상
강진 국립공원
해해상 해남 고흥
공원

경상남도
남양산 양산JC (경부선 분기)
물금
551 대동JC (중앙선 분기)
대동1,2,3 TN
(남해선 분기) 김해JC

노선 개요

노선번호	제551호	국가간선도로망	남북 9축(지선)
연장(km)	17.4km	차 로	왕복 4, 6차로
최초 개통	1996.05.01.	건설비	중앙고속도로 건설비에 포함
구 간	김해JCT(경상남도 김해시) ~ 양산JCT(경상남도 양산시)		

건설 배경

1990년대 초반, 부산권 및 경남 동부지역의 급격한 산업 발전으로 인한 경부고속도로(부산~양산) 정체 구간을 우회하고, 새로 건설되던 중앙고속도로와 경부고속도로를 효율적으로 잇기 위해 추진

건설 경위

1992. 4월 —— 대동~양산 제19-2호 '부산대구고속도로지선' 지정
1996. 5월 —— 남양산~양산 개통
1996. 6월 —— 대동~남양산 개통
2001. 8월 —— 노선번호 체계 개편으로 제551호선 '중앙고속도로지선'으로 변경
2014. 12월 —— 김해~대동 개통

건설 효과

●〉 사회적 효과
• 양산신도시 거주민의 부산 및 김해 방면 출퇴근 편의 개선

●〉 상징적 효과
• 경부선(종단), 중앙선(내륙종단), 남해선(횡단)을 하나로 묶는 고리 역할

건설현장(나무위키)

남양산톨게이트(경남도민일보)

대동분기점(위키백과)

남양산영업소

노선도

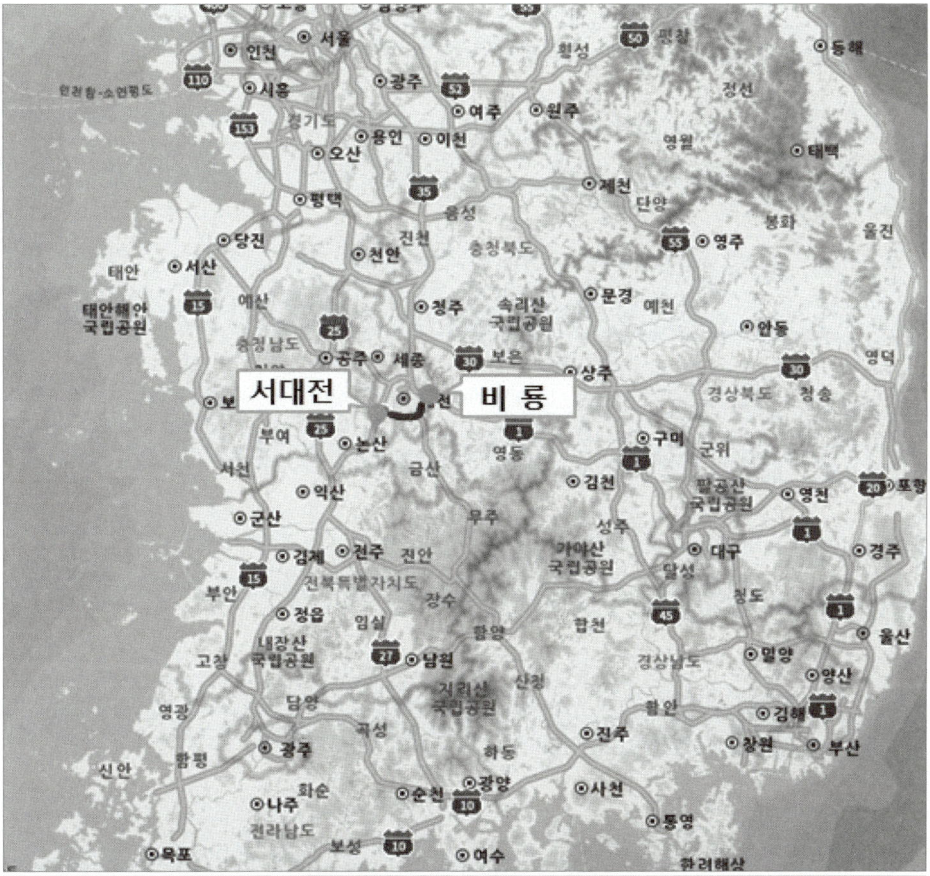

서대전

비룡

충청남도

충청북도

비룡JC (경부선 분기)

(호남선의지선 분기) 서대전JC
300 판암
안영
서대전
산내JC (통영대전선 분기)

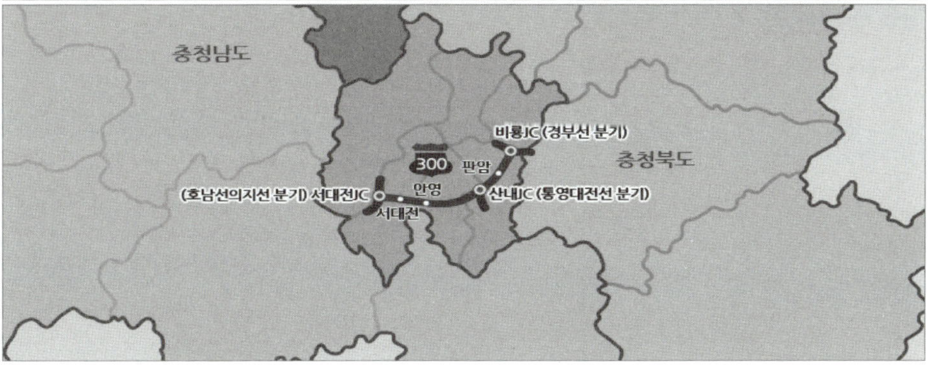

노선 개요

노선번호	제300호	국가간선도로망	순환 3축
연장(km)	13.3km	차 로	왕복 4차로
최초 개통	1999.09.06.	건설비	4,442억 원
구 간	서대전JCT(대전광역시 유성구) ~ 비룡JCT(대전광역시 동구)		

건설 배경

기존 고속도로망(경부고속도로, 호남고속도로지선)과 결합하여 대전 전체를 둘러싸는 루프형
고속도로 체계를 완성하여, 도심 교통량을 분산시키고 물류 효율성 극대화

건설 경위

1988. 1월	고속국도 제13호선 '대전남부순환선' 지정
1993. 12월	전 구간 건설공사 착공
1999. 9월	비룡~판암 우선 개통
2000. 12월	서대전~판암 개통으로 전 구간 연결
2001. 8월	노선번호 고속국도 제300호선 재지정
2010. 12월	도로명주소법에 따라 '대전남부순환고속도로' 명칭 고시

건설 효과

◗ **경제적 편익**

경제적 편익	출처
연간 물류비 약 436억원 절감	한국민족문화대백과사전

◗ **사회적 효과**
• 대전 남부권 접근성을 획기적으로 개선

◗ **상징적 효과**
• 대전이 '대한민국 교통의 중심'임을 입증하는 상징적인 인프라

기공식

이회창 국무총리 기공식 참석

건설(시간, 지점 확인불가)

개통식

안영영업소

안영나들목

노선도

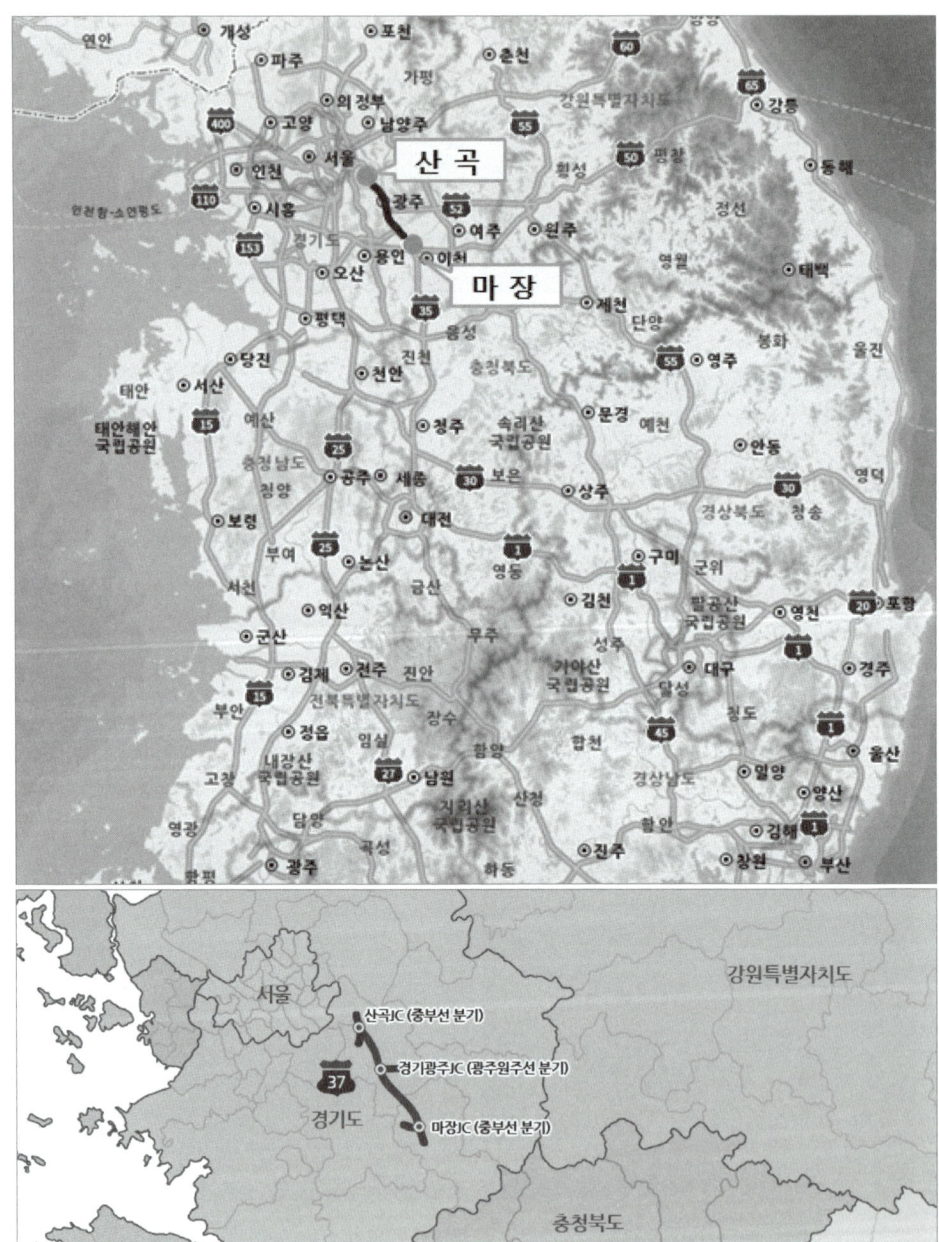

노선 개요

노선번호	제37호	국가간선도로망	남북 5축(지선)
연장(km)	31.1km	차 로	왕복 4차로
최초 개통	2001.11.29.	건설비	6,800억 원
구 간	마장JCT(경기도 이천시) ~ 산곡JCT(경기도 하남시)		

건설 배경

1990년대 중반 이후 중부고속도로의 병목 현상 심화와 차로 확장 방안이 지형적·환경적 제약으로 어렵게 되자, 기존 노선과 나란히 별도의 신설 노선을 건설하는 방안으로 추진

건설 경위

1997. 11월 —— 산곡~마장 전 구간 착공

2001. 8월 —— 노선번호 체계 개편으로 고속국도 제37호선 지정

2001. 11월 —— 전 구간 개통

건설 효과

●〉 경제적 편익

경제적 편익	출처
주행시간 20분 단축 연간 물류비 2천억원 절감	「중부고속도로 하남-호법 확장구간 개통」 (2001년, 건설교통부)

●〉 사회적 효과

• 수도권 동남부의 물류 흐름을 획기적으로 개선

●〉 상징적 효과

• 고속도로 중 최초로 '기존 노선의 정체 해소를 위해 건설된 쌍둥이 고속도로'

경안천교

곤지암나들목

산곡분기점

이천휴게소 부근

서이천나들목(한국민족문화대백과사전)

경기광주분기점(현대건설)

노선도

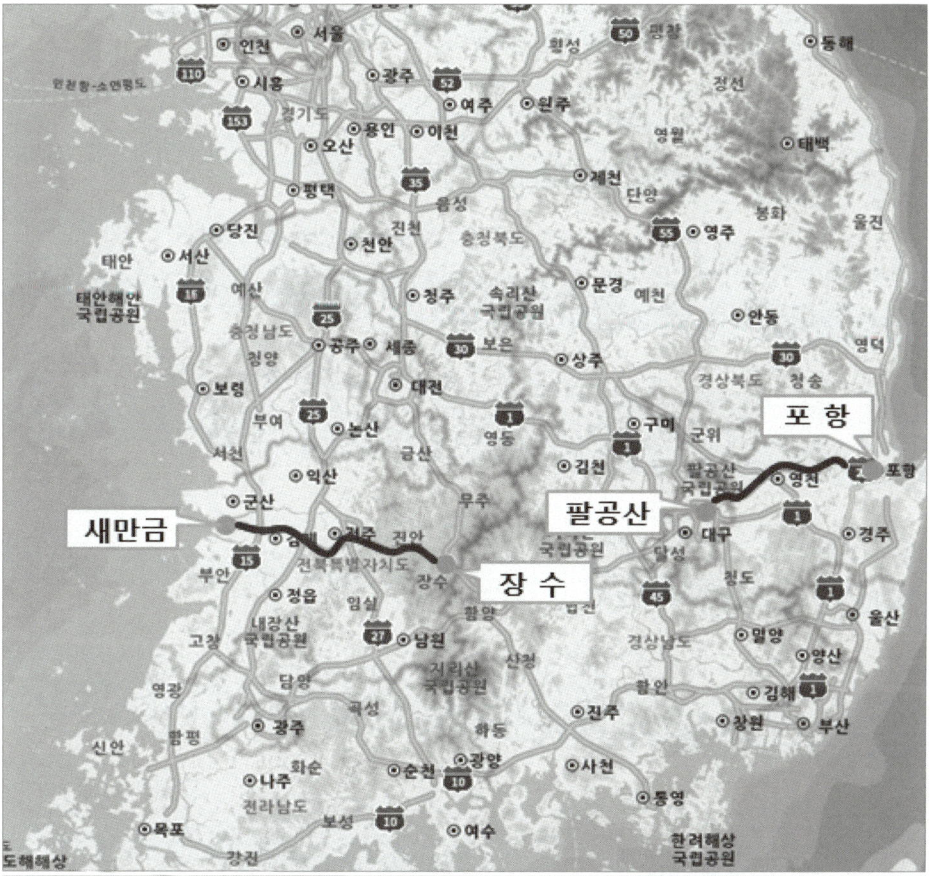

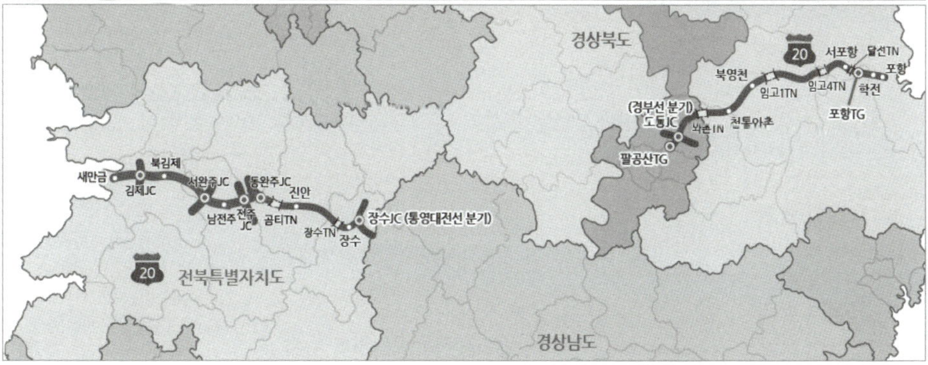

노선 개요

노선번호	제20호	국가간선도로망	남북 4축, 동서 3축
연장(km)	161km	차로	왕복 4, 6차로
최초 개통	2001.11.29.	건설비	4조 4,157억 원
구간	새만금IC(전라북도 김제시) ~ 장수JCT(전라북도 장수군) 팔공산TG(대구광역시 동구) ~ 포항IC(경상북도 포항시)		

건설 배경

새만금 신항만 및 배후 산업단지의 물동량을 수송함과 동시에 새만금을 동북아 물류의 중심지로 육성하고, 백두대간에 의해 단절됐던 전라북도와 경상북도 지역을 직접 연결하여 지역 간 벽을 허물고 국토 균형 발전을 위해 기획

건설 경위

1998. 12월	대구~포항 착공
2001. 11월	익산~장수 착공
2004. 12월	대구~포항 개통
2007. 12월	익산~장수 개통
2018. 5월	새만금~전주 착공
2025. 12월	새만금~전주 개통

건설 효과

● 경제적 편익

경제적 편익	출처
(대구-포항) 주행시간 48분으로 단축 연간 물류비 2,603억원 절감	「대구-포항 고속도로 신설개통」 (2004년, 건설교통부)
(새만금-전주) 주행거리/시간 8km/43분 단축 연간 물류비 2,018억원 절감	「새만금-전주 고속도로 정식 개통」 (2025년, 국토교통부)

● 사회적 효과
• 서해안과 동해안을 잇는 최단 경로를 제공하여, 영호남 일일생활권을 실현

● 상징적 효과
• 영호남의 화합을 상징하는 '동서 화합의 길'이자 동서 성장축 상징

대구-포항 기공식

익산-장수 개통

임고1터널

만덕교

새만금-전주 개통식

서완주분기점

40 평택제천고속도로

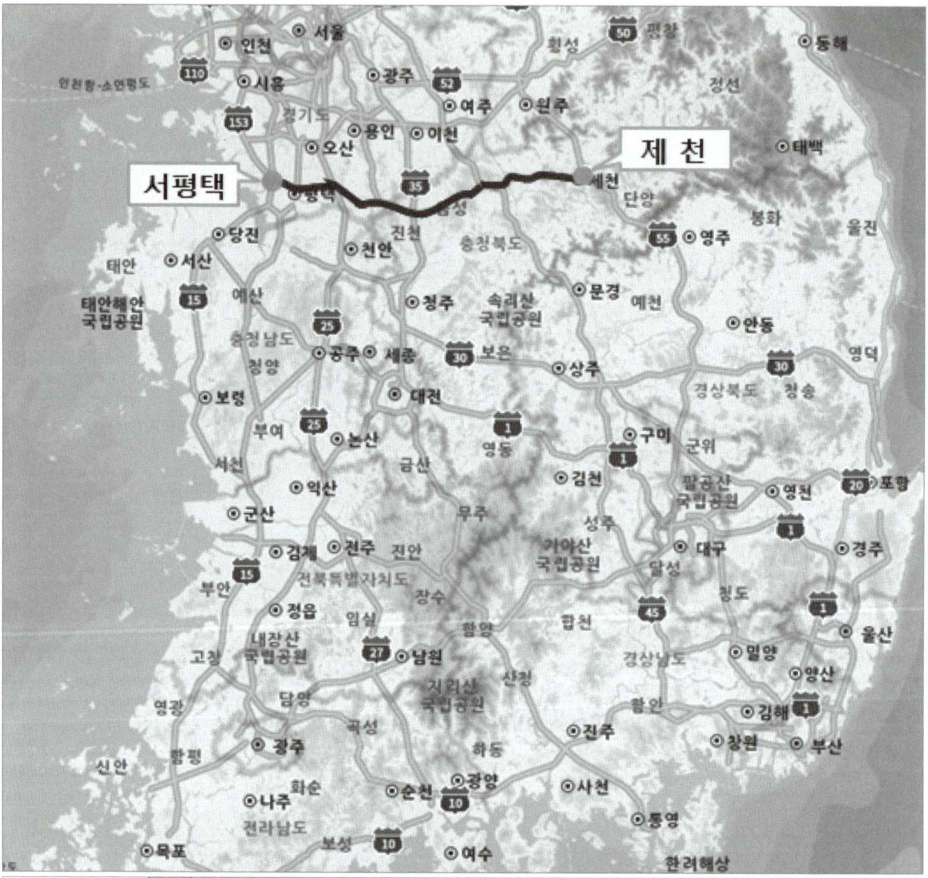

노선도

노선 개요

노선번호	제40호	국가간선도로망	동서 6축
연장(km)	126.9km	차 로	왕복 4, 6차로
최초 개통	2002.12.12.	건설비	2조 5,047억 원
구 간	서평택JCT(경기도 평택시) ~ 제천JCT(충청북도 제천시)		

건설 배경

서해안과 내륙을 연결하여 국토의 효율성을 높이며, 상대적으로 낙후된 음성·충주 등 충북 내륙 지역의 개발을 촉진하기 위해 건설.

건설 경위

1997. 8월	평택~음성 고속국도 제24호 '평택음성고속도로' 명명
1997. 12월	서평택~서안성 착공
1998. 6월	평택~안성 도로구구역 결정
2001. 8월	제40호선으로 변경
2002. 12월	평택~충주 노선 연장, '평택충주고속도로'로 개칭
2002. 12월	서평택~서안성 개통
2008. 1월	평택~제천으로 재연장 '평택제천고속도로'로 개칭
2008. 9월	광역경계권 30대 선도프로젝트 '동서4축고속도로(충주-제천)' 지정
2008. 11월	남안성~대소 개통
2013. 8월	대소~충주 개통
2014. 1월	충주~동충주 개통
2015. 6월	동충주~제천 개통으로 전 구간 연결

건설 효과

● 경제적 편익

경제적 편익	출처
주행거리/시간 18km/30분 단축 연간 물류비 1,226억원 절감 이산화탄소 배출량 2.7만톤 감축	「평택-제천고속도로 완성…동충주~제천구간 개통」 (2015년, 국토교통부)

● 사회적 효과
• 경기 남부와 충북 북부가 하나의 생활권으로 묶이며, 기업 유치와 인구 유입 기틀

● 상징적 효과
• 서해안과 내륙을 잇는 산업전용 동맥이자 동서 간 벽을 허무는 길

안성-음성 개통식

음성-충주 개통식

충주-동충주 개통식

충주-제천 개통식

대소분기점

평택복합휴게소

노선도

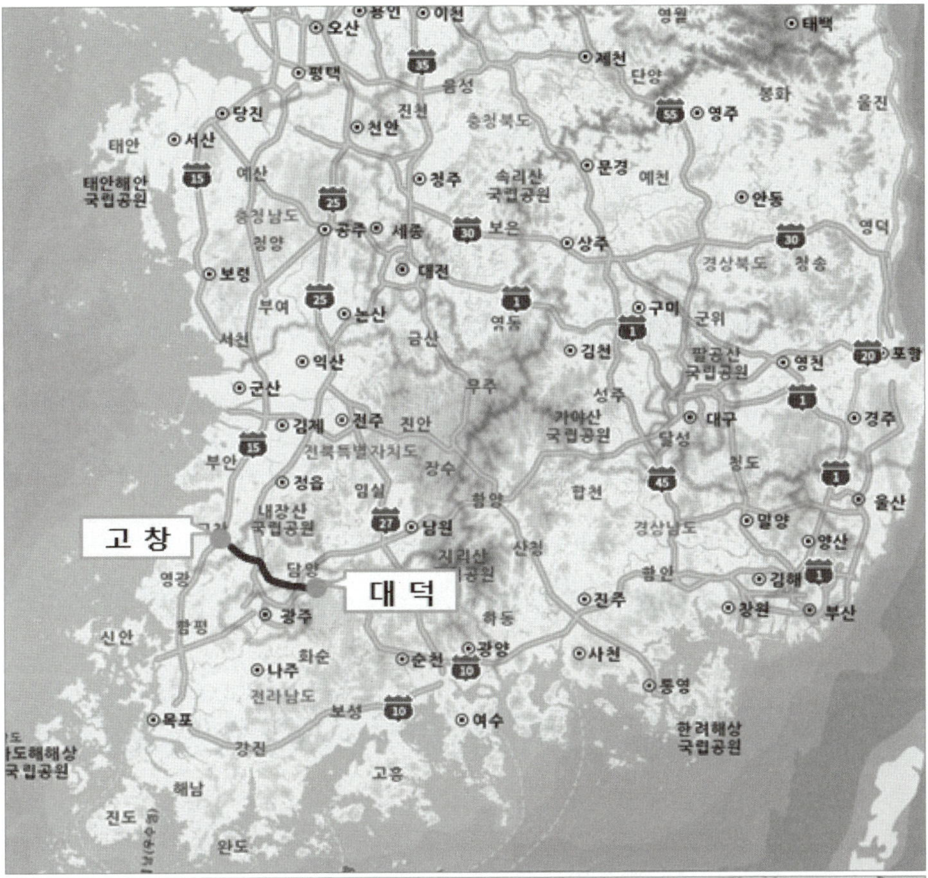

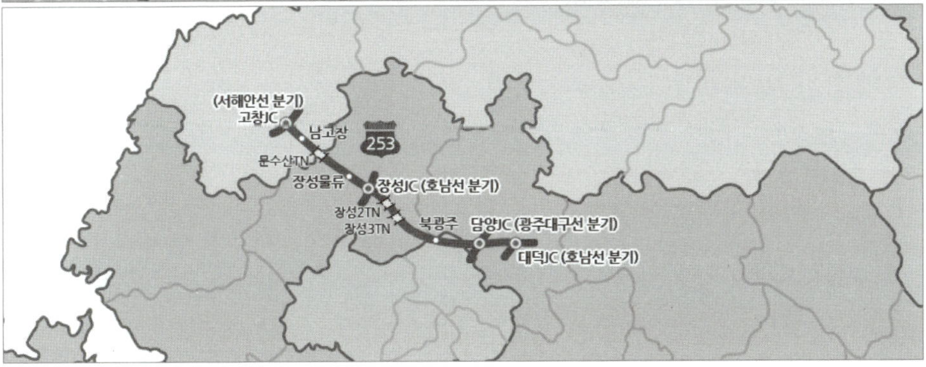

노선 개요

노선번호	제253호	국가간선도로망	남북 3축, 동서 2축(지선)
연장(km)	42.5km	차로	왕복 4차로
최초 개통	2006.12.07.	건설비	8,686억 원
구간	고창JCT(전라북도 고창군) ~ 대덕JCT(전라남도 담양군)		

건설 배경

서해안고속도로와 호남고속도로를 직접 연결하여 서해안 지역과 호남 내륙 지역의 접근성을 개선하며, 광주 시내 및 기존 호남고속도로의 교통 혼잡 완화 목적

건설 경위

1997. 8월 ── 고속국도 제3-2호선 지정(초기 계획 명칭 : 광주외곽고속도로)
2001. 8월 ── 노선번호 제14호로 변경, '고창담양고속도로'로 명칭 변경
2002. 12월 ── 장성~담양 착공
2004. 12월 ── 고창~장성 착공
2006. 12월 ── 장성~담양 개통
2007. 12월 ── 고창~장성 개통으로 전 구간 개통
2008. 1월 ── 노선번호 체계 개편으로 고속국도 제253호선으로 지정

건설 효과

●) 경제적 편익

경제적 편익	출처
(고창장성) 주행거리/시간 10km/15분 단축 연간 물류비 713억원 절감	경제e정표 경제정책 시계열서비스
(장성담양) 주행거리/시간 13.4km/12분 단축 연간 물류비 700억원 절감	경제e정표 경제정책 시계열서비스

●) 사회적 효과
• 서해안권과 호남내륙, 영남권을 잇는 가교 역할 수행하여, 지역 간 교류 가속화

●) 상징적 효과
• 전북과 전남을 최단 거리로 잇고, 호남내륙의 자립적 연결을 상징하는 인프라

장성-담양 개통식

고창-장성 개통식

송강정터널

담양분기점

장성분기점

장성2터널

30 서산영덕고속도로

노선도

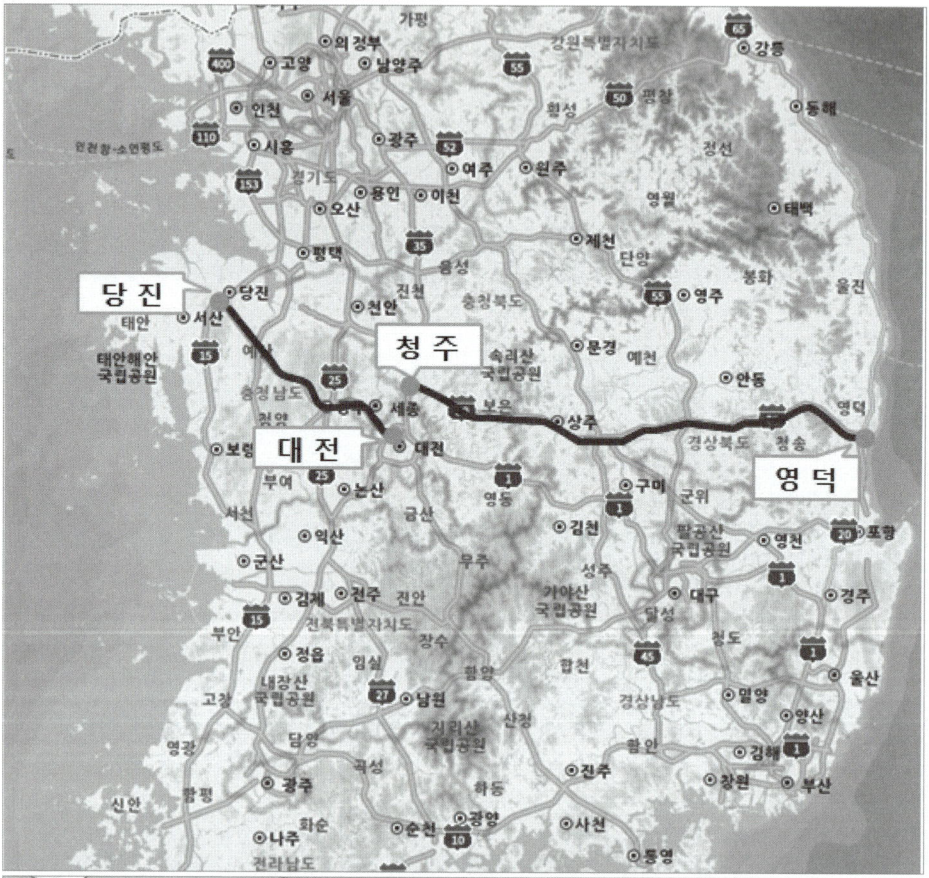

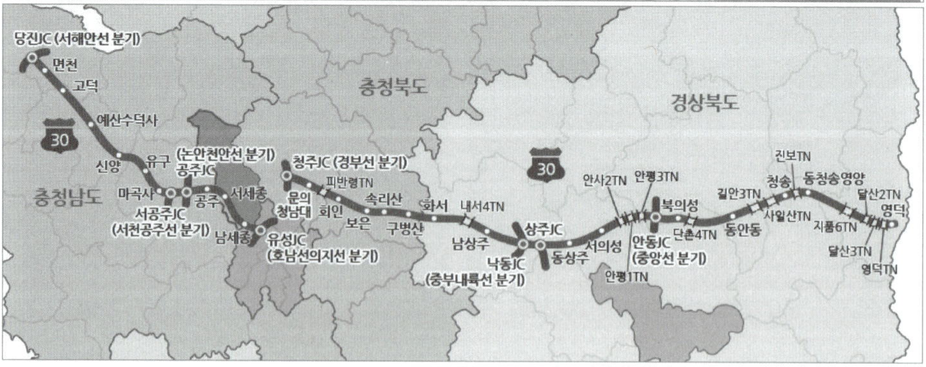

가평
의정부
강원특별자치도
강릉 65
400 고양
남양주
55
인천 서울
평창 50
동해
110 광주
횡성
시흥
정선
152 여주
52 원주
용인 이천
경기도
태백
오산
제천 단양
평택
35 음성
봉화
당진 당진
진천 영주 55
천안 충청북도
울진
태안 서산
청주
속리산
문경 예천
태안해안 15 예산
국립공원 충청남도 국립공원
안동
청양 세종 보은
25 대전 상주
경상북도
대전
청송 영덕
보령 25 논산 영동 3 구미
군위
영덕
부여 금산 김천 팔공산 영천 20
서천 성주 국립공원 대구 포항
군산 무주
15 김제 전주 진안 가야산 달성 경주
국립공원 3
부안 전북특별자치도 장수 청도
45
정읍 임실 합천 경상남도 밀양 울산
고창 내장산 남원 함양 양산
국립공원 27 지리산 산청 김해 1
국립공원 밀양
영광 담양 곡성 하동 진주 창원 부산
신안 화순
나주 순천 광양 사천
전라남도 10 통영

당진JC (서해안선 분기)
면천
고덕
30 예산수덕사
충청북도
경상북도
유구 (논안천안선 분기)
신양 공주JC 청주JC (경부선 분기) 진보TN
마곡사 문의 피반령TN 안사2TN 안평3TN 청송 동청송영양
서공주JC 서세종 창남대 회인 속리산 화서 내서4TN 길안3TN 달산2TN
(서천공주선 분기) 공주 보은 구병산 북의성 사일산TN 영덕
충청남도 남세종 남상주 상주JC 동안동 지품6TN
유성JC 낙동JC 동상주 의성 안동 단촌4TN 달산3TN
(호남선의지선 분기) (중부내륙선 분기) 의의성 (중앙선 분기) 영덕TN
안평1TN

노선 개요

노선번호	제30호	국가간선도로망	남북 4축, 동서 4축
연장(km)	278.9km	차 로	왕복 4차로
최초 개통	2007.11.28.	건설비	5조 8,800억 원
구 간	당진JCT(충청남도 당진시) ~ 영덕IC(경상북도 영덕군)		

건설 배경

동서4축 도로망을 구축하여 국토의 접근성을 높이고, 국토의 동서 균형 발전과 서해안 산업벨트 및 동해안 관광벨트의 연계성 강화를 목적으로 건설

건설 경위

2001. 8월	노선명 고속국도 제30호 '당진상주고속도로' 지정
2001. 9월	청주~상주 착공
2001. 12월	당진~대전 착공
2007. 11월	청주~상주 개통
2008. 9월	광역경계권 30대 선도프로젝트 '동서6축고속도로(상주−영덕)' 지정
2009. 5월	당진~대전 개통
2009. 12월	상주~영덕 착공
2009. 12월	노선명을 '당진영덕고속도로'로 변경
2016. 7월	기점을 서산으로 변경하며 '서산영덕고속도로'로 명칭 변경
2016. 12월	상주~영덕 개통으로 동서 4축의 주요 골격 완성
2023. 11월	서산~당진 착공
2024. 11월	대산~당진 착공

건설 효과

● 경제적 편익

경제적 편익	출처
(청주상주) 주행거리/시간 20km/50분 단축 연간 물류비 2,351억원 절감	「청원~상주간 고속도로 4차로 개통」 (2007년, 건설교통부)
(당진대전) 주행거리/시간 25.4km/1시간 단축 연간 물류비 1,542억원 절감	「당진~대전, 서천~공주 고속도로 조기 개통」 (2009년, 국토해양부)
(상주영덕) 주행거리/시간 52km/1시간 20분 단축 연간 물류비 1,510억원 절감	「경북 상주~영덕고속도로 개통…1시간 20분 단축」 (2016년, 국토교통부)

◑) 사회적 효과
• 경북 내륙 주민들의 삶의 질을 향상시켰으며, 서해안의 당진항과 동해안의 영덕항을 최단거리로 연결하여 지역 간 교류와 상생 발전 유도

◑) 상징적 효과
• 대한민국에서 가장 긴 동서횡단 고속도로이자 '동서 화합의 길'로 상징
• 산악지형을 터널·교량으로 관통하는 토목 기술의 발전과, 완전한 일일생활권 형성

천원-상주 개통식

당진-대전 건설

당진-대전, 서천-공주 개통식

상주-영덕 개통식

상주낙동강교

대산-당진 기공식

노선도

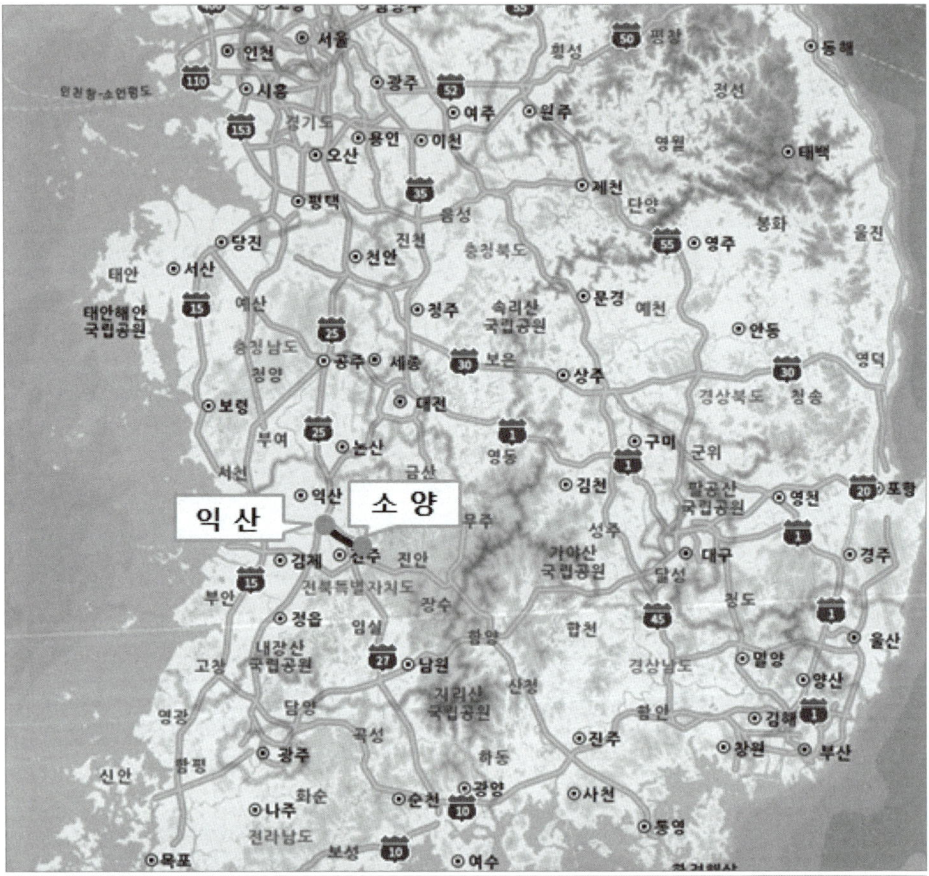

익 산
소 양

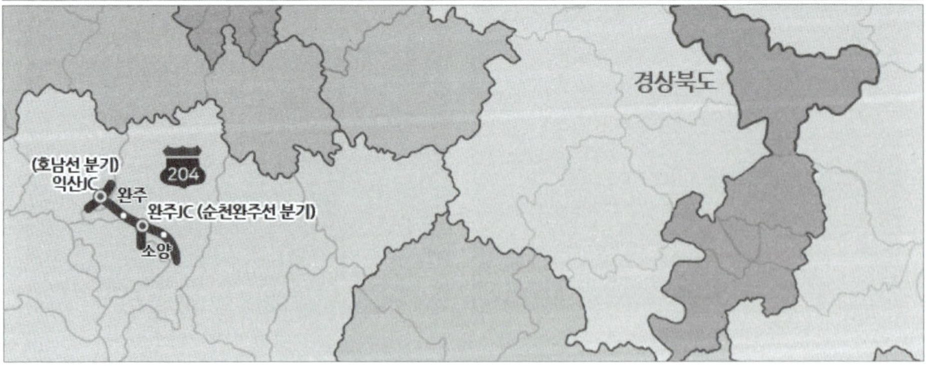

(호남선 분기)
익산JC
완주
204
완주JC (순천완주선 분기)
소양

경상북도

노선 개요

노선번호	제204호	국가간선도로망	동서 3축(지선)
연장(km)	24.5km	차 로	왕복 4차로
최초 개통	2007.12.13.	건설비	새만금포항고속도로 건설비에 포함
구 간	익산JCT(전라북도 익산시) ~ 소양IC(전라북도 완주군)		

건설 배경

호남고속도로와 전주~순천 교통망을 효율적으로 연결하여 전북 중북부 지역의 동서 간 접근성이 높이고, 새만금포항고속도로 본선의 익산~장수 구간과 연계하여 새만금 배후 지역의 물류네트워크 안성 목적

건설 경위

1998. 6월 —— 고속국도 제26호선 '익산완주선' 최초 노선 지정
2001. 11월 —— 익산~장수 착공
2004. 12월 —— 익산~완주(지선 구간) 착공
2007. 12월 —— 익산~완주 개통으로 지선 기능 수행
2008. 1월 —— 노선번호 체계 개편으로 고속국도 제204호선 지정
2018. 10월 —— 익산~완주 '새만금포항고속도로지선'으로 분할 지정

건설 효과

●> **사회적 효과**
• 익산과 전주, 완주를 잇는 교통망 완성하여 지역 주민들의 통행시간 단축

●> **상징적 효과**
• 새만금에서 포항까지 이어지는 대형 프로젝트의 일부 역할 수행

소양톨게이트

완주나들목

소양2터널

소양1터널 부근

소양1교

완주톨게이트(뉴시스)

노선도

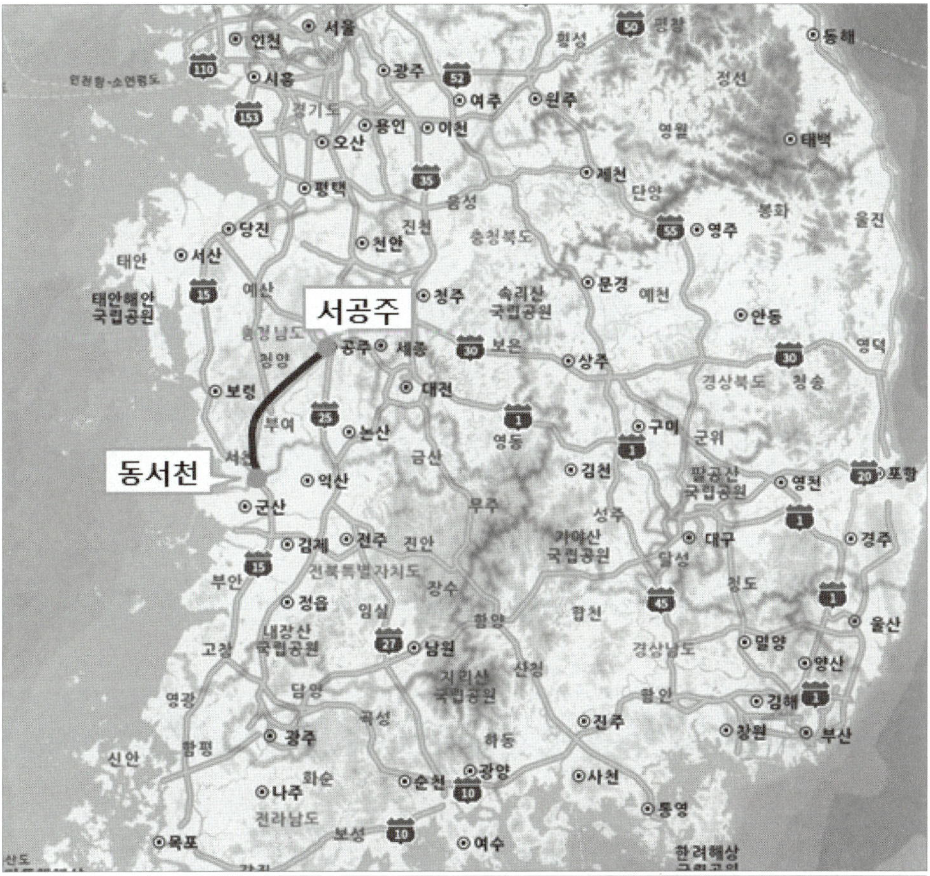

노선 개요

노선번호	제151호	국가간선도로망	–
연장(km)	61.4km	차로	왕복 4차로
최초 개통	2009.05.28.	건설비	9,555억 원
구간	동서천IC(충청남도 서천군) ~ 서공주JCT(충청남도 공주시)		

건설 배경

충남 서남부의 낙후 교통인프라를 개선하여 백제 문화권의 관광자원을 활성화하고, 서해안고속도로와 대전·세종 권역을 최단 거리로 연결하여 수도권 및 충청 내륙에서 호남 서해안 지역으로의 접근성을 높이고자 건설

건설 경위

1991. 11월	타당성조사 및 기본설계
1997. 8월	고속국도 제25호선 '공주서천고속도로'로 노선 지정
2001. 12월	동서천~서공주 착공
2008. 1월	노선번호 고속국도 제151호선 재지정
2009. 5월	전 구간 왕복 4차로 개통
2010. 9월	서천터널~서공주분기점 최고 제한속도 시속 110km 상향

건설 효과

●) 경제적 편익

경제적 편익	출처
주행거리/시간 17.3km/40분 단축	「당진~대전, 서천~공주 고속도로 조기 개통」(2009년, 국토해양부)

●) 사회적 효과
• 충남 서남권 지역민들의 삶의 질이 개선되었으며, 국가 전체의 교통 분산 효과

●) 상징적 효과
• 충청남도의 균형 발전과 백제 문화유산을 알리는 길의 상징
• 당진대전고속도로와 동시 개통되어 충남권의 동서 일일 생활권 완성

부여1터널

청남대교

개통식

부여2터널-가덕터널

금천1교

부여졸음쉼터 부근

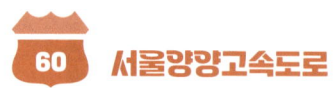

60 서울양양고속도로

노선도

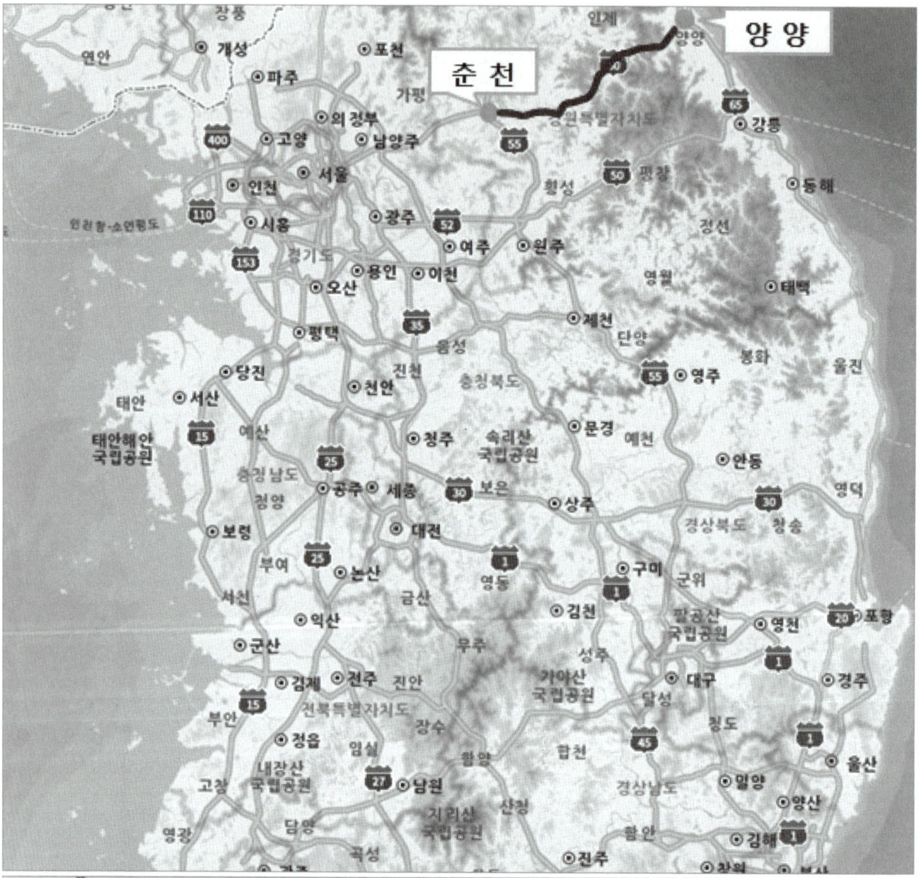

춘 천
양 양
개성
포천
파주
의정부
고양
남양주
서울
인천
시흥
광주
여주
원주
용인
이천
오산
평택
제천
당진
천안
서산
영주
청주
문경
안동
공주
세종
상주
보령
대전
논산
구미
김천
익산
영천
포항
군산
대구
김제
전주
경주
정읍
울산
남원
밀양
양산
김해
진주
강릉
동해
태백

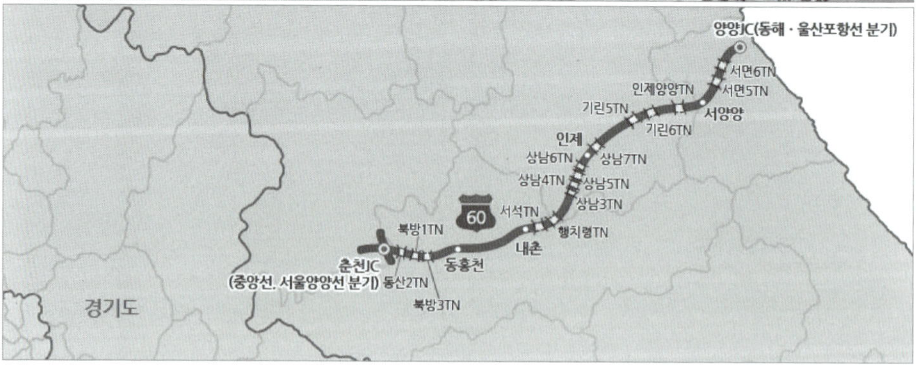

양양JC(동해 · 울산포항선 분기)
서면6TN
서면5TN
인제양양TN
기린5TN
서양양
기린6TN
인제
상남6TN
상남7TN
상남4TN
상남5TN
상남3TN
60
서석TN
북방1TN
행치령TN
내촌
춘천JC
(중앙선, 서울양양선 분기)
동산2TN
동홍천
북방3TN
경기도

노선 개요

노선번호	제60호	국가간선도로망	동서 9축
연장(km)	89.7km	차로	왕복 4차로
최초 개통	2009.10.30.	건설비	2조 8,371억 원
구간	춘천JCT(강원특별자치도 춘천시) ~ 양양JCT(강원특별자치도 양양군)		

건설 배경

기존 영동고속도로와 44번 국도에 집중된 교통 수요를 분산하고, 서울에서 양양까지 이동 시간을 획기적으로 단축하기 위해 건설

건설 경위

1991. 11월 ── 동홍천~양양 타당성 조사 실시
1997. 8월 ── 고속국도 제60호선 '서울양양고속도로' 노선 지정
2001. 12월 ── 광역경계권 30대 선도프로젝트 '동서2축고속도로(춘천–양양)' 지정
2008. 1월 ── 춘천~양양 착공
2009. 5월 ── 춘천~동홍천 개통
2010. 9월 ── 동홍천~양양 개통, 전 구간 연결

건설 효과

● 경제적 편익

경제적 편익	출처
주행거리/시간 25.2km/40분 단축 연간 물류비 2,035억원 절감	「서울서 동해안까지 단숨에 달린다… "90분 시대 개막"」 (2017년, 국토교통부)

● 사회적 효과
• 강원 북부 지역의 사업체 및 근로자 증가 등 지역경제 성장 효과

● 상징적 효과
• 환경 보존과 개발의 조화를 이룬 대표적인 사례

서울-춘천-동홍천 기공식

동홍천-양양 기공식

춘천-동홍천 개통식

홍천강교

양양분기점

인제양양터널

27 순천완주고속도로

노선도

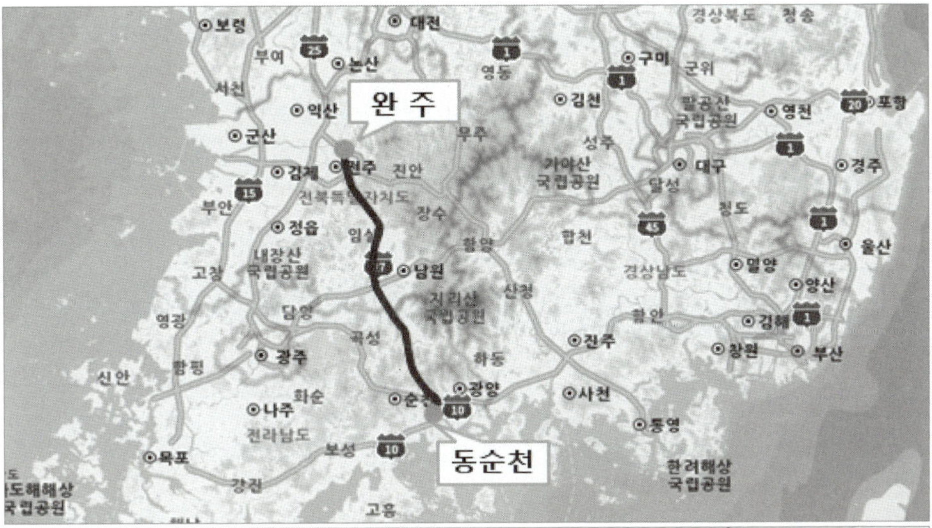

보령
부여
서천
논산
대전
영동
경상북도 청송
구미
군위

익산
군산
무주
김천
25
성주
가야산
국립공원
팔공산
국립공원
영천
포항
20

김제
전주
진안
전북특별자치도
달성
대구
45
경주

완주

부안
정읍
임실
장수
함양
합천
경상남도
밀양
양산
15

고창
내장산
국립공원
남원
27
지리산
국립공원
산청
함안
진주
김해
울산
창원
부산

영광
담양
곡성
하동
사천
통영

함평
광주
순천
광양
10

신안
나주
화순
전라남도
보성
한려해상
국립공원

도해해상
국립공원
목포
강진
고흥
10

동순천

(익산포항선 분기) 완주JC
27
동전주
덕진1TN
상관
용암4TN
슬치TN
임실

전북특별자치도

오수
오수1TN
사매1TN
북남원
남원JC (광주대구선 분기)
서남원
천마TN
용방2TN
구례화엄사
구례2TN
구례1TN

경상남도

황전
황전1TN
서면5TN
서면2TN
서면1TN
(남해선 분기) 순천JC
동순천, 서광양TG
동순천

전라남도

노선 개요

노선번호	제27호	국가간선도로망	남북 4축, 동서 1축
연장(km)	117.8km	차로	왕복 4차로
최초 개통	2010.12.28.	건설비	2조 2,126억 원
구간	동순천IC(전라남도 순천시) ~ 완주JCT(전라남도 완주군)		

건설 배경

경부고속도로 및 논산천안고속도로의 정체를 분산하고, 순천·여수·광양 등 전라남도 동부권 도시들을 수도권과 최단 거리로 연결하기 위해 기획

건설 경위

2002. 12월	고속국도 제27호선 '순천완주선' 노선 지정
2004. 9월	임신~완주 신설을 위한 도로구역 결정
2004. 12월	순천~임실 착공
2005. 2월	임실~완주 착공
2010. 12월	완주~서남원 개통
2011. 1월	서남원~순천 개통
2011. 4월	순천~동순천 개통(5.6km)으로 전 구간 연결

건설 효과

●) 경제적 편익

경제적 편익	출처
주행거리/시간 45.6km/1시간 단축 물류비 924억원, 환경개선비 116억원 절감	한국민족문화대백과사전

●) 사회적 효과

• 명절 및 휴가철 호남고속도로의 대체 노선으로 교통 분산 및 관광객 유입

●) 상징적 효과

• 전라북도와 전라남도를 수직으로 가르는 '호남의 척추'이자, 산과 강을 품은 수려한 내륙도로의 상징

전 구간 개통식

전 구간 개통식

슬치터널

남원분기점

섬진대교

평촌천교

노선도

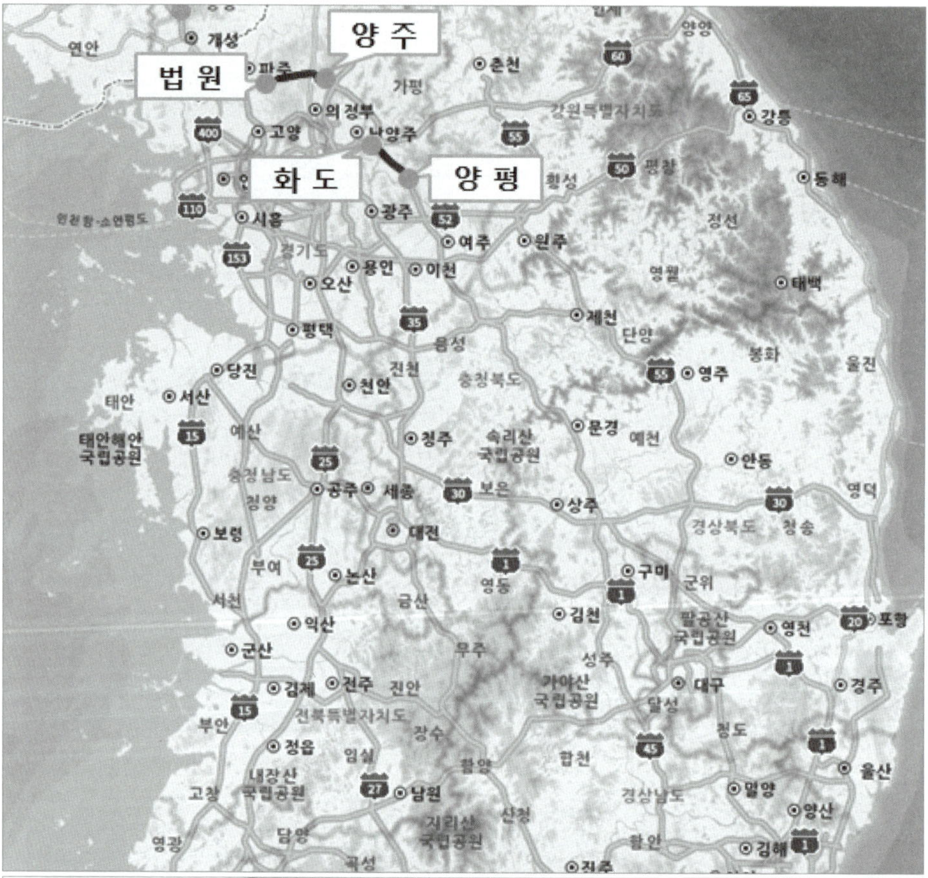

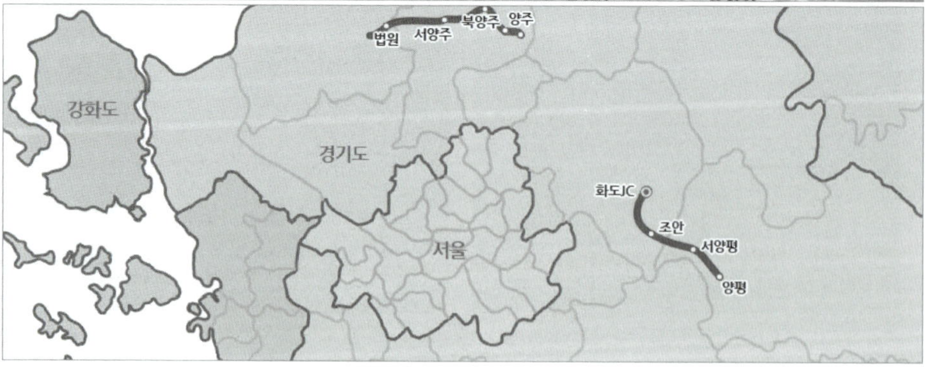

노선 개요

노선번호	제400호	국가간선도로망	순환 2축, 남북 7축
연장(km)	37.7km	차로	왕복 4차로
최초 개통	2023.05.31.	건설비	1조 6,913억 원
구간	화도JCT(경기도 남양주시) ~ 양평IC(경기도 양평군) 법원IC(경기도 파주시) ~ 양주IC(경기도 양주시)		

건설 배경

경기 북부 거점 도시들을 연결하여 산업 물류 효율성을 높이고, 서울과 수도권 제1순환고속도로로 집중되는 동북부 교통량을 외곽으로 우회시키기 위해 건설

건설 경위

2011. 11월	파주~양주 타당성 조사 완료
2014. 5월	화도~양평 착공
2017. 3월	파주~양주 착공
2023. 5월	화도~양평 中 조안~양평 개통
2024. 2월	화도~조안 개통으로 화도~양평 전 구간 연결
2024. 12월	파주~양주 개통으로 경기 북부 동서 축 연결

건설 효과

● 경제적 편익

경제적 편익	출처
(화도–조안) 주행거리/시간 16km/30분 단축	「고속도로 5천km 시대 개막, 수도권제2순환고속도로 포천–조안 개통」 (2024년, 국토교통부)
(파주–양주) 주행거리/시간 5.4km/17분 단축	「수도권 서북부 교통의 새시대, 파주~양주고속도로 19일 개통」 (2024년, 국토교통부)

● 사회적 효과

- 경기 북동부 지역 주민들의 서울 및 남부권 이동시간이 20~30분 이상 단축되어 '수도권 일일 생활권' 공고화

● 상징적 효과

- 경기 북부를 '수도권의 새로운 성장 거점'으로 인식하게 되는 전환점

북한강대교 건설

조안-양평 개통식

북한강대교

포천-조안 개통식

파주-양주 개통식

법원나들목

29 세종포천고속도로

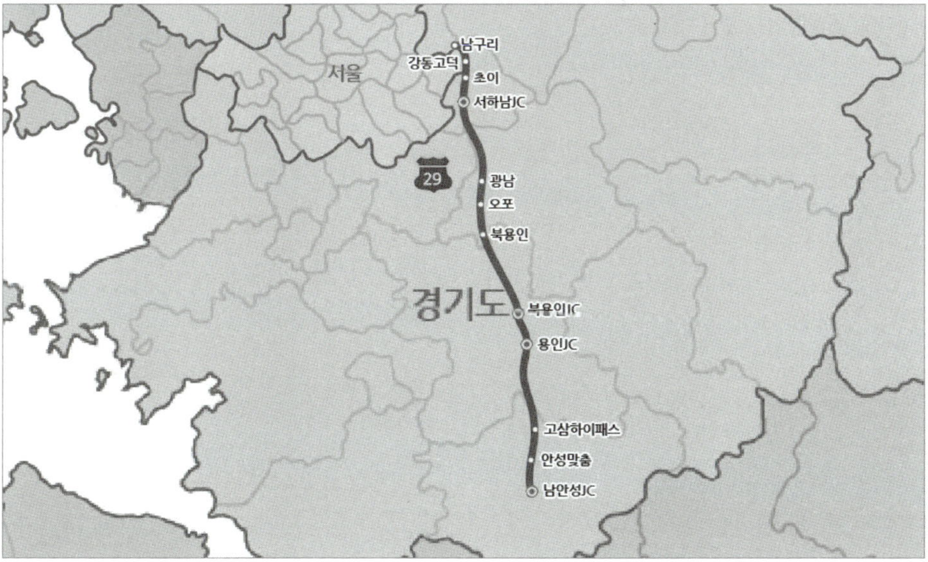

노선도

노선 개요

노선번호	제29호	국가간선도로망	남북 4축
연장(km)	72.2km	차로	왕복 6차로
최초 개통	2025.01.01.	건설비	7조 4,367억 원
구간	남안성JCT(경기도 안성시) ~ 남구리IC(경기도 구리시)		

건설 배경

수도권의 고질적인 정체 구간인 경부고속도로와 중부고속도로의 교통량을 흡수하여, 주행속도를 평균 30km/h 이상 개선하기 위해 건설

건설 경위

2016. 12월 — 안성~구리 착공 및 도로구역 결정
2023. 9월 — 안성~구리 주요 공정 완료
2025. 1월 — 안성~구리 정식 개통

건설 효과

● 경제적 편익

경제적 편익	출처
주행거리/시간 19.8km/39분 단축 사회적 편익 연 5,489억원	「빠르고 안전한 미래형 고속도로, 안성-구리 고속도로 새해 첫날 개통」 (2025년, 국토교통부)

● 사회적 효과

• 수도권 주요 신도시(위례, 동탄 등)의 접근성 개선

● 상징적 효과

• '제2의 경부고속도로'로 불리며, 세계적인 수준의 사장교와 토목 기술의 글로벌 경쟁력 상징

안성구리 11공구

북용인나들목(용인시)

안성맞춤영업소(안성시)

처인휴게소

고삼교

고덕토평대교

600 부산외곽순환고속도로

노선도

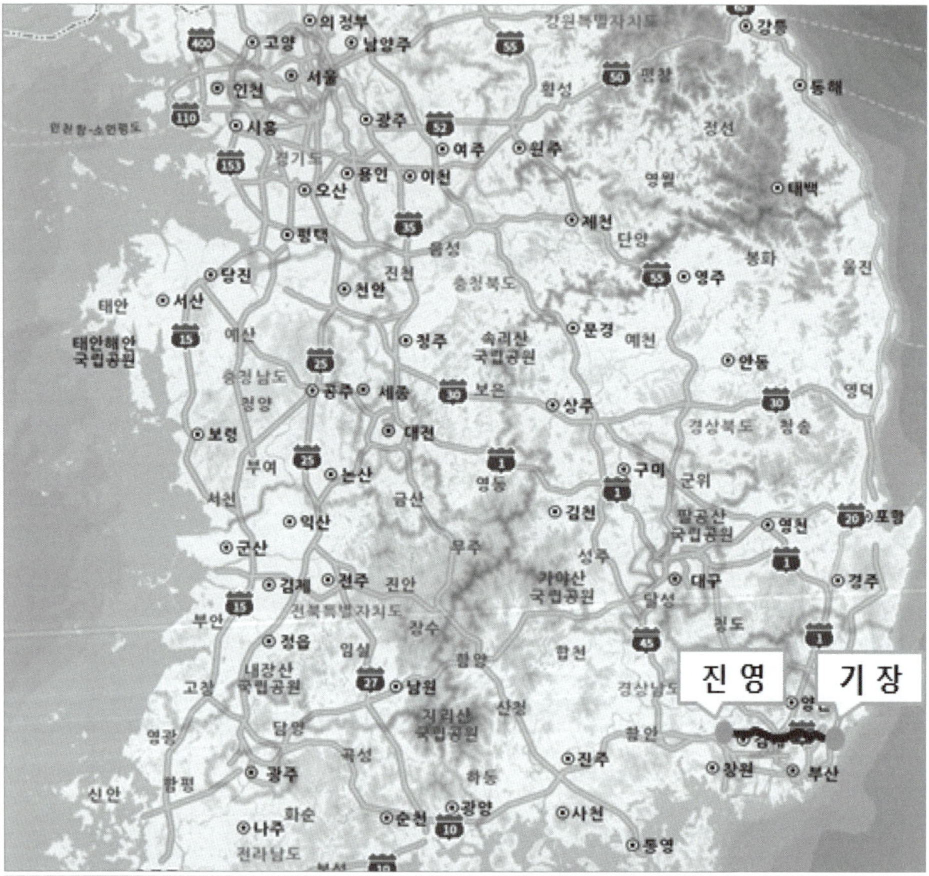

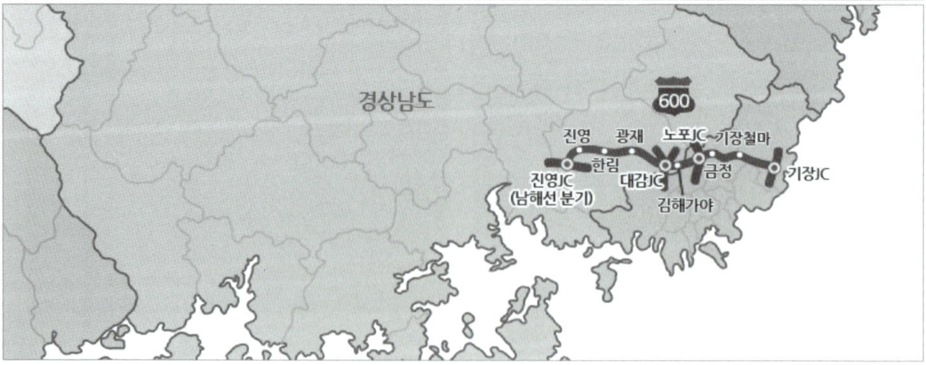

(노선도 지도)

- 의정부
- 고양 400
- 남양주
- 인천
- 서울
- 110 인천항~소연평도
- 시흥
- 광주
- 경기도
- 52 여주
- 원주
- 153
- 용인 이천
- 오산
- 35
- 평택
- 음성
- 제천
- 단양
- 당진
- 진천
- 천안
- 충청북도
- 55 영주
- 봉화
- 태안
- 서산
- 예산
- 청주
- 속리산 국립공원
- 문경
- 예천
- 안동
- 태안해안 국립공원
- 15
- 23
- 충청남도
- 청양
- 공주 세종
- 30 보은
- 상주
- 경상북도
- 청송
- 30 영덕
- 보령
- 부여
- 25 논산
- 대전
- 1 영동
- 구미
- 군위
- 팔공산 국립공원
- 영천
- 20 포항
- 서천
- 익산
- 금산
- 김천
- 성주
- 1 경주
- 군산
- 무주
- 카야산 국립공원
- 대구
- 김제
- 전주 진안
- 전북특별자치도
- 15
- 부안
- 정읍
- 임실
- 장수
- 함양
- 합천
- 45
- 양산
- 내장산 국립공원
- 27 남원
- 지리산 국립공원
- 산청
- 경상남도
- 함안
- 진영 기장
- 고창
- 담양
- 곡성
- 하동
- 진주
- 창원 부산
- 영광
- 함평
- 광주
- 화순
- 광양
- 사천
- 신안
- 나주
- 순천
- 10
- 통영
- 전라남도
- 10

(하단 확대 지도)

- 경상남도
- 600
- 진영 광재 노포JC ~ 기장철마
- 한림
- 진영JC (남해선 분기)
- 대감JC
- 금정
- 기장JC
- 김해가야

노선 개요

노선번호	제600호	국가간선도로망	순환 5축
연장(km)	48.8km	차로	왕복 4차로
최초 개통	2017.12.28.	건설비	2조 3,332억 원
구간	진영JCT(경상남도 김해시) ~ 기장JCT(부산광역시 기장면)		

건설 배경

부산 도심의 교통 혼잡을 분산시키고, 서부산과 동부산을 직접 연결하기 위해 계획

건설 경위

1999. 8월	예비타당성 조사 완료
2008. 9월	광역경계권 30대 선도프로젝트 '부산외곽순환도로' 지정
2010. 12월	전 구간 착공 및 고속국도 제600호선 지정
2017. 12월	노포~기장 개통
2018. 2월	진영~노포 개통으로 전 구간 개통

건설 효과

● 경제적 편익

경제적 편익	출처
주행거리/시간 17.2km/20분 단축 연간 물류비 1,730억원 절감	「김해~부산 30분 주파… 부산외곽순환도 7일 완전개통」 (2018년, 국토교통부)

● 사회적 효과

• 동부산권의 관광 단지와 서부 경남의 산업단지를 하나로 묶어 지역 간 교류 활성화

● 상징적 효과

• 수도권 외 지역에서 최초로 완성된 '외곽 순환선' 체계로서, 부산의 '순환형 교통망'으로의 진화를 나타내는 상징

낙동대교 건설

개통식

노포분기점

기장분기점

금정톨게이트(중앙일보)

진영나들목(김해뉴스)

노선도

항·소연평도
110 ◉시흥
경기도
◉광주 52
◉여주   ◉원주
정선
153
◉용인 ◉이천
◉오산
35
음성
◉제천
단양
영월
봉화
◉태백
울진
◉평택
◉당진
진천
◉천안
충청북도
55 ◉영주
태안
◉서산
15
예산
◉청주
속리산
국립공원
◉문경
예천
◉안동
영덕
태안해안
국립공원
충청남도
25
◉공주 세종
◉정양
30 보은
◉상주
경상북도 청송
30
◉보령
부여
25
◉대전
◉논산
금산
1
◉영동
◉구미
군위
팔공산
국립공원
◉영천
1
20 ◉포항
서천
◉익산
◉김천
성주
◉경주
◉군산
무주
◉전주 진안
전북특별자치도
장수
카야산
국립공원
달성
◉대구
청도
◉김제
15
부안
◉정읍
임실
함양
합천
45
1
◉울산
내장산
국립공원
27 ◉남원
지리산
국립공원
현안
◉밀양
◉양산
◉고창
담양
곡성
◉진주
◉김해 1
울 주
영광
함평
◉광주
하동
◉창원
◉부산
신안
화순
◉순천 ◉광양
10
◉사천
◉나주
전라남도
10
◉목포
보성
10
◉여수
통영
한려해상
국립공원

창 녕

서밀양
밀양JC
배내골
14
서울주JC
울주JC
경상남도
창녕JC

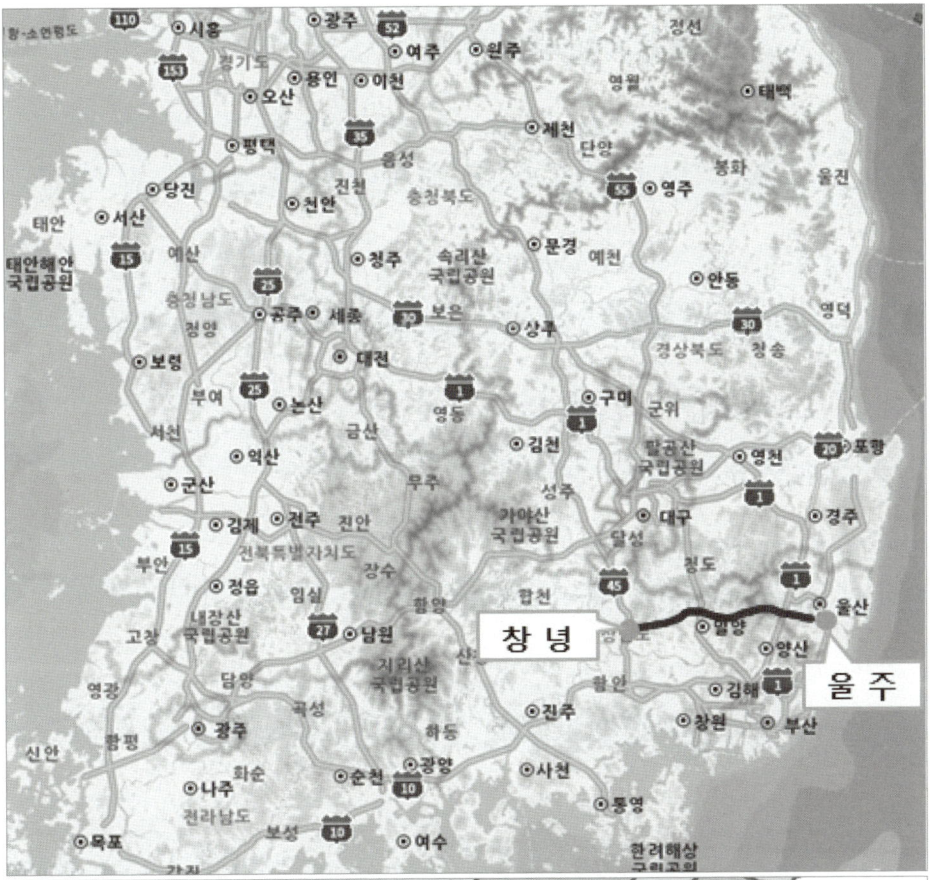

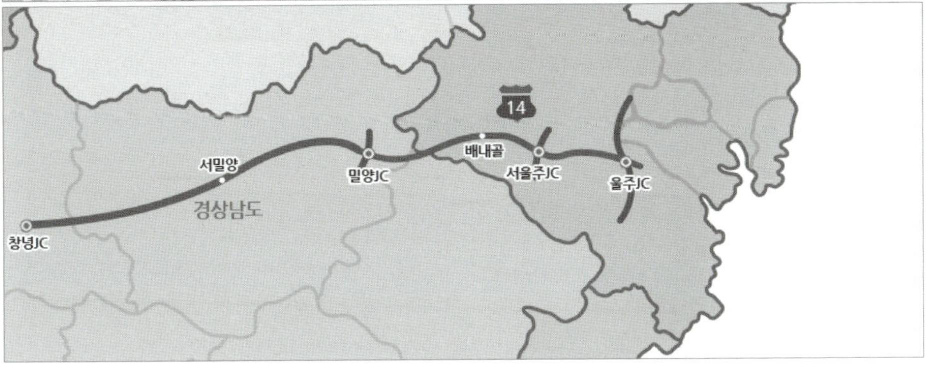

노선 개요

노선번호	제14호	국가간선도로망	동서 2축
연장(km)	73.6km	차로	왕복 4차로
최초 개통	2020.12.11.	건설비	5조 7,100억 원
구간	창녕JCT(경상남도 창녕군) ~ 울주JCT(울산광역시 울주군)		

건설 배경

국토의 동서 연결성을 강화하고, 경남 북부 내륙과 동부 산업의 거점인 울산을 직접 연결하여 교류를 촉진하기 위해 건설

건설 경위

2003. 6월	예비타당성조사 완료
2008. 9월	광역경계권 30대 선도프로젝트 '동서8축고속도로(함양-울산)' 지정
2008. 12월	타당성조사 완료
2009. 12월	기본설계 완료 및 환경영향평가서 수립
2012. 12월	고속국도 제14호선 '함양울산고속도로' 지정
2014. 3월	밀양~울산 착공
2016. 10월	창녕~밀양 착공
2018. 2월	함양~창녕 착공 * 2026년 12월 개통 예정
2020. 12월	밀양~울산 개통
2024. 12월	창녕~밀양 개통

건설 효과

● 경제적 편익

경제적 편익	출처
주행거리/시간 63km/45분 단축 8,225억원 경제적 효과	「함양-울산 1시간대…지리산, 더 가까워진다」 (2020년, KBS, 국토부 인터뷰)

● 사회적 효과
• 경남 서북부 내륙 주민들의 울산 및 동해안 접근성을 획기적으로 개선

● 상징적 효과
• 경남의 서부(지리산권)와 동부(산업권)를 하나로 잇는 '경남 통합의 길'
• 6조 원에 달하는 '영남권 최대의 토목 사업'으로 국가 균형 발전 의지를 상징

서울주분기점 건설(한국건설신문)

배내교 건설현장(한국건설신문)

밀양-울산 개통식

밀양분기점

재약산터널, 배내골나들목터널

단장천2교

노선도

지도에 표시된 주요 지명:

의정부, 고양, 남양주, 강원특별자치도, 강릉

서울, 인천, 평창, 동해, 횡성

시흥, 광주, 여주, 원주, 정선

경기도, 용인, 이천, 영월, 태백

오산, 제천, 단양, 봉화, 울진

평택, 음성, 진천, 영주, 안동

당진, 천안, 충청북도, 문경, 예천, 영덕

태안, 서산, 예산, 청주, 속리산국립공원, 청송

태안해안국립공원, 공주, 세종, 보은, 상주, 경상북도

청양, 대전, 구미, 군위, 포항

보령, 부여, 논산, 영동, 서포, 팔공, 서변, 경주

서천, 금산, 무주, 동명동호, 대구, 상매, 달성, 달서

익산, 군산, 김제, 전주, 진안, 장수, 합천

부안, 전북특별자치도, 함양, 경상남도, 밀양, 양산

정읍, 임실, 지리산국립공원, 산청, 울산

내장산국립공원, 남원, 김해, 부산

고창, 담양, 곡성, 하동, 창원

영광, 광주, 화순, 순천, 광양, 진주, 사천

함평, 신안, 나주, 전라남도, 보성, 통영

하단 지도에 표시된 지명:

동명동호, 서변, 파군재, 경상북도

칠곡JC, 지천, 둔산

북다사, 다사, 상매JC

달서

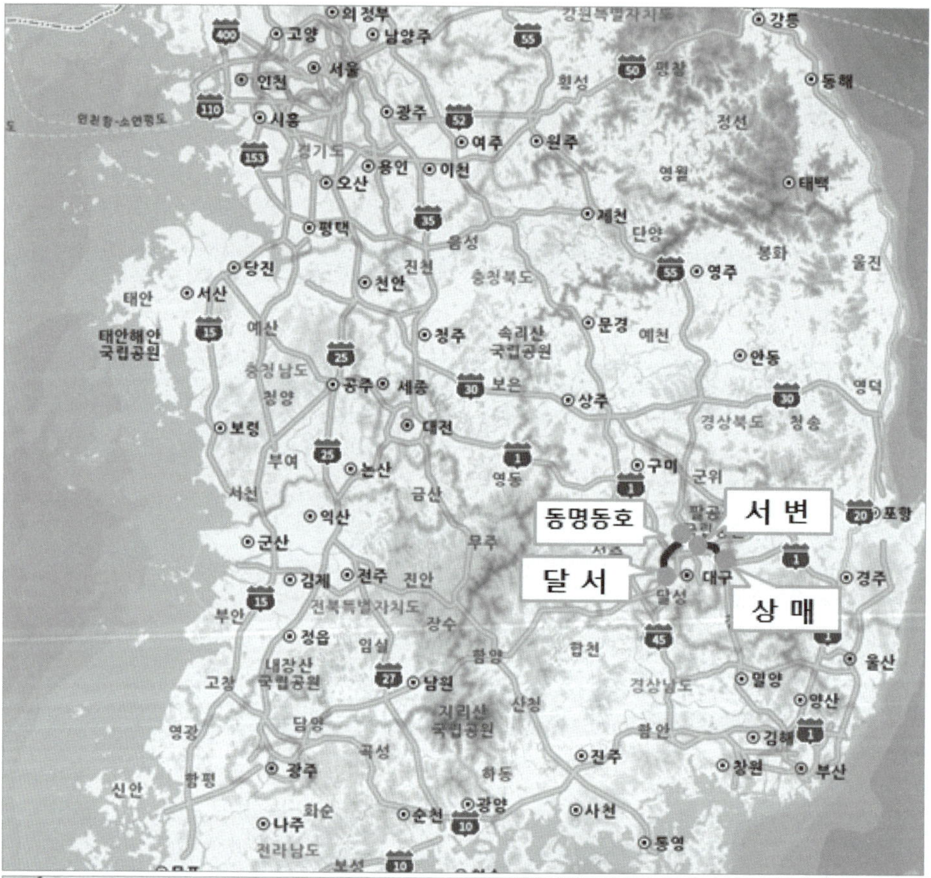

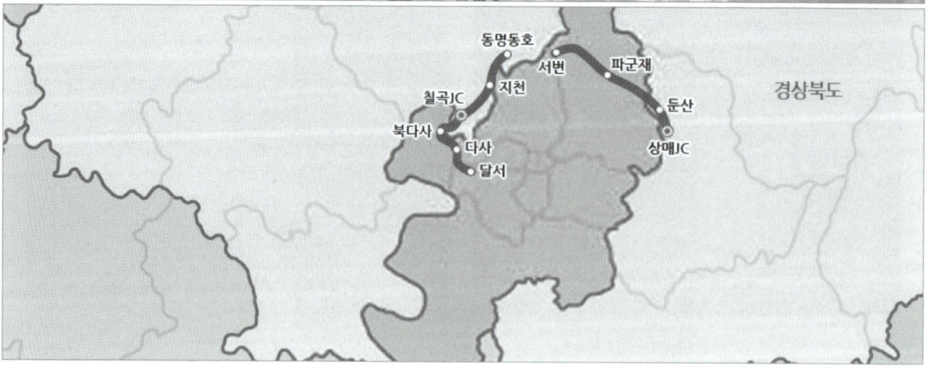

노선 개요

노선번호	제700호	국가간선도로망	순환 4축
연장(km)	32.9km	차로	왕복 4차로
최초 개통	2022.03.31.	건설비	1조 5,710억 원
구간	달서IC(대구광역시 달서구) ~ 동명동호JCT(대구광역시 북구) 서변IC(대구광역시 북구) ~ 상매JCT(대구광역시 동구)		

건설 배경

대구 성서산업단지 등 서남부권의 대규모 인프라 확충으로 발생한 남대구~서대구 간 도시고속도로의 정체를 분산시키기 위해 추진

건설 경위

2008. 9월	광역경계권 30대 선도프로젝트 '대구외곽순환도로' 지정
2013. 11월	고속국도 제700호선 '대구외곽순환고속도로' 지정
2014. 3월	달서~상매 착공
2022. 3월	전 구간 개통

건설 효과

● 경제적 편익

경제적 편익	출처
주행거리/시간 4.7km/21분 단축 연간 물류비 1,027억원 절감	「대구외곽순환고속도로 3월 31일 완전 개통」 (2022년, 국토교통부)

● 사회적 효과

• 대구광역시 교통 소통 및 고속도로의 접근성 개선

● 상징적 효과

• 대구 우편번호 앞자리를 딴 노선번호(700번)를 부여받아 대구 대도시권의 정체성을 상징하는 '대구의 고리'로 일컬어짐

금호대교 건설

금호대교 건설

개통식(북달성톨게이트)

개통식

북다사나들목

칠곡분기점

광주외곽순환고속도로

노선도

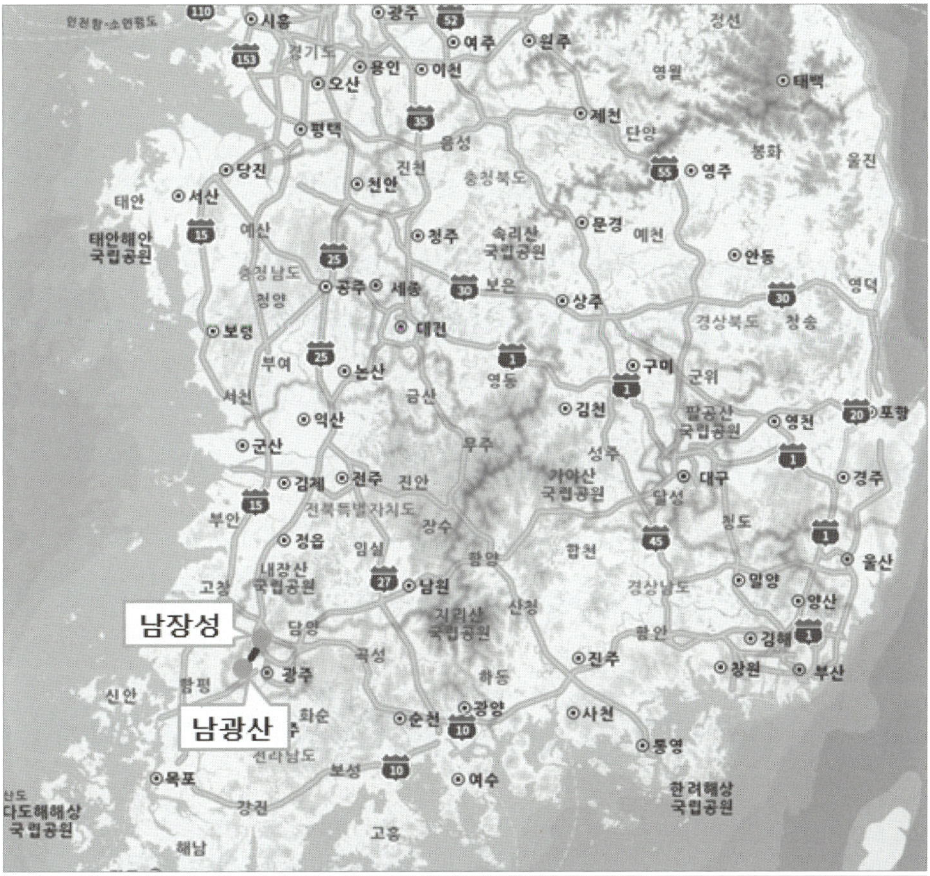

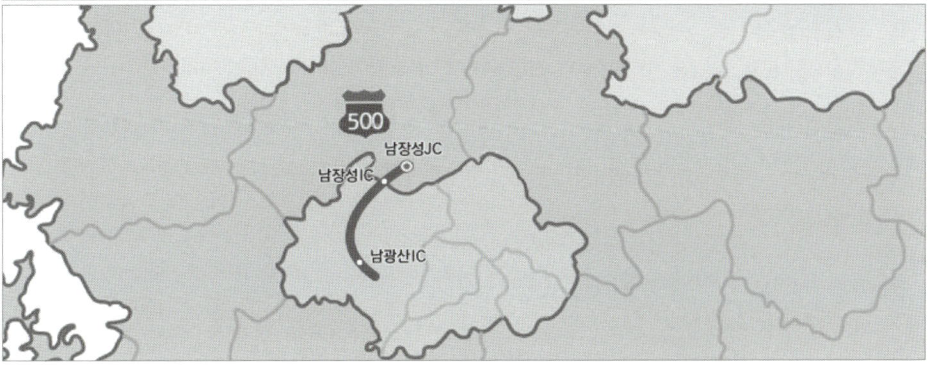

노선 개요

노선번호	제500호	국가간선도로망	순환 6축, 남북 2축
연장(km)	9.7km	차로	왕복 4차로
최초 개통	2022.12.20.	건설비	3,739억 원
구간	남광산IC(광주광역시 광산구) ~ 남장성JCT(전라남도 장성군)		

건설 배경

광주 도심을 통과하는 교통량을 외곽으로 우회시켜 시내 주요 도로의 정체를 해소하며, 나주 혁신도시와 진곡·하남산업단지 등 주요 경제 거점을 고속도로망에 직접 연결하여 물류 효율성을 극대화하고자 건설

건설 경위

2003. 6월	광역경계권 30대 선도프로젝트 '광주외곽순환도로' 지정
2008. 9월	고속국도 제500호선 '광주외곽순환고속도로' 지정
2008. 12월	남광산~남장성 착공
2009. 12월	남광산~남장성 개통

건설 효과

◑ 경제적 편익

경제적 편익	출처
주행거리/시간 3.7km/5분 단축 연간 물류비 190억원 절감	「광주 3순환도로 광주−장성 구간 개통… "물류비 절감" 기대」 (2022년 KBS, 한국도로공사 인용)

◑ 사회적 효과
• 진곡산업단지 등 주요 산업단지로의 접근성이 좋아져 지역 균형 발전에 기여

◑ 상징적 효과
• '순환형 광역 메가시티'의 출발이자, 영호남 화합에 이은 '호남권 결속의 길'로 평가

고룡1,2교 건설(한국건설신문)

황룡강교(한국건설신문)

개통식

남광산톨게이트

남광산나들목

남장성분기점

32 당진청주고속도로

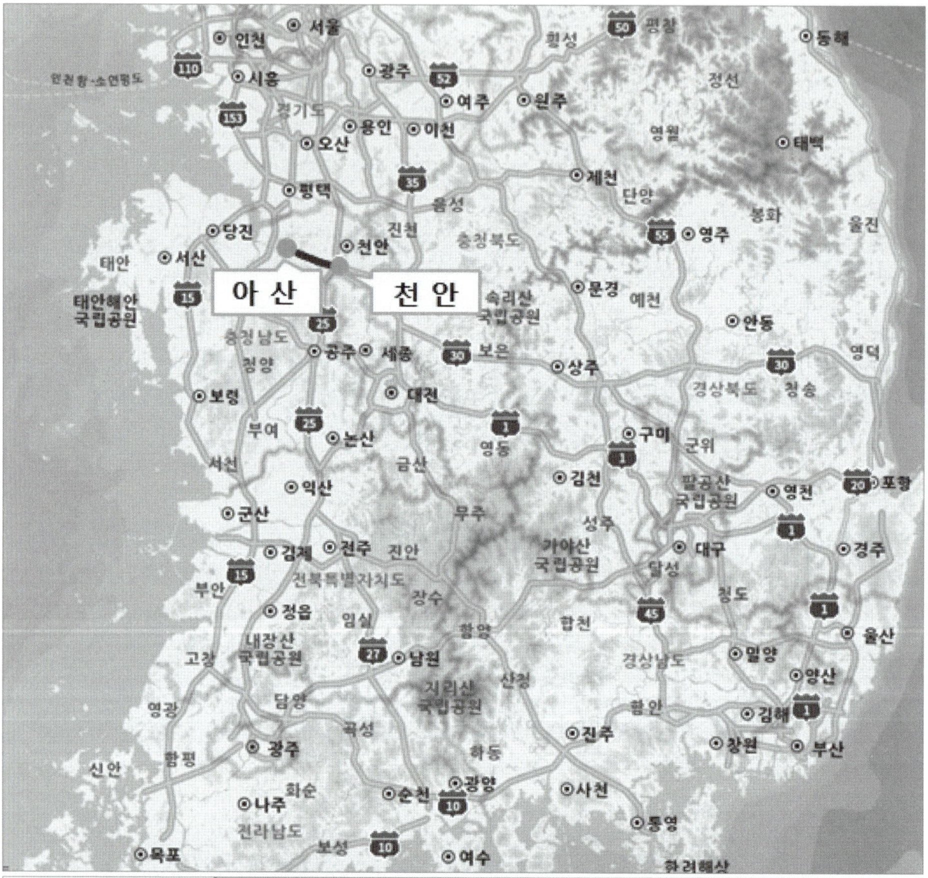

노선도

인천항·소연평도
인천
서울
110
시흥
광주
52
여주
횡성
50
평창
정선
동해
153
경기도
용인 이천
원주
영월
태백
오산
35
평택
음성
계천
단양
봉화
울진
당진
진천
충청북도
55
영주
서산
천안
아 산 **천 안**
태안
속리산
국립공원
문경
예천
안동
영덕
태안해안
국립공원
15
청양
충청남도
25
공주 세종
30
보은
상주
경상북도
청송
30
보령
부여
25
대전
논산
금산
영동
1
구미
군위
팔공산
국립공원
영천
1
20
포항
서천
익산
무주
김천
성주
대구
경주
1
군산
가야산
국립공원
달성
김제
전주
진안
청도
울산
15
전북특별자치도
건북특별자치도
장수
함양
45
부안
정읍
임실
합천
경상남도
밀양
양산
내장산
국립공원
27
남원
산청
함안
김해
1
고창
담양
곡성
지리산
국립공원
하동
진주
창원
부산
영광
함평
광주
화순
광양
사천
신안
나주
순천
10
통영
전라남도
보성
10
목포
여수
화려해상

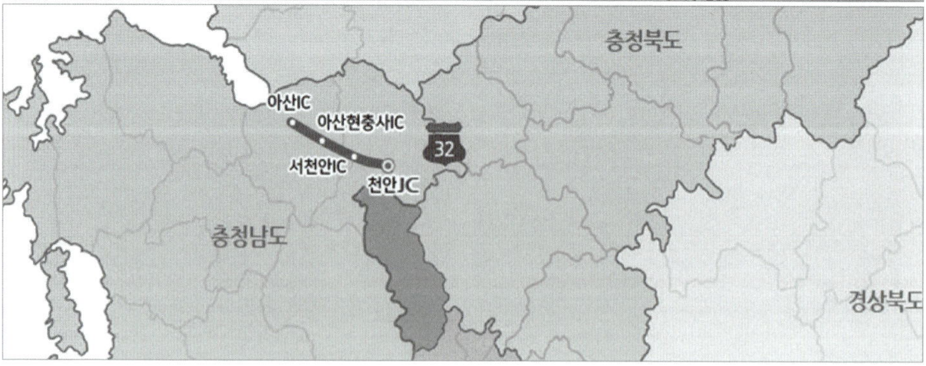

충청북도
아산IC
아산현충사IC
32
서천안IC
천안JC
충청남도
경상북도

노선 개요

노선번호	제32호	국가간선도로망	동서 5축
연장(km)	21.0km	차로	왕복 4차로
최초 개통	2023.09.20.	건설비	1조 5,082억 원
구간	아산IC(충청남도 당진시) ~ 천안JCT(충청북도 천안시)		

건설 배경

반도체·자동차 등 국가 첨단산업이 밀집한 충남 북부 지역(아산, 천안)과 충북 지역 산업단지를
직접 연결하고, 서해안과 동해안을 잇는 기존 동서축의 단절 구간을 연결하여 국토 간선도로망
효율화 목적으로 건설

건설 경위

2004.	당진~천안 예비타당성 조사 통과
2013. 11월	고속국도 제32호 '아산청원고속도로' 지정
2015. 3월	노선명 '아산청주고속도로'로 변경
2015. 12월	아산~천안 착공
2023. 3월	노선명 '당진청주고속도로'로 변경
2023. 9월	아산~천안 정식 개통

건설 효과

●) 경제적 편익

경제적 편익	출처
주행거리/시간 7.9km/17분 단축 연간 편익 1,102억원 (시간 절감 726억, 차량운행비 317억 등)	「아산 지역 최초 고속도로, 아산–천안 고속도로 개통」 (2023년, 국토교통부)

●) 사회적 효과
• 아산시 내륙 지역의 고속도로 접근성이 획기적으로 개선

●) 상징적 효과
• 충남과 충북을 잇는 '상생의 길'이자 서해안 포트(Port)와 내륙 산단을 잇는 '산업의 혈맥'

현충사교 건설

배방대교 건설

아산-천안 개통식

현충사교

아산현충사톨게이트

서오창나들목 부근(청주시청)

노선도

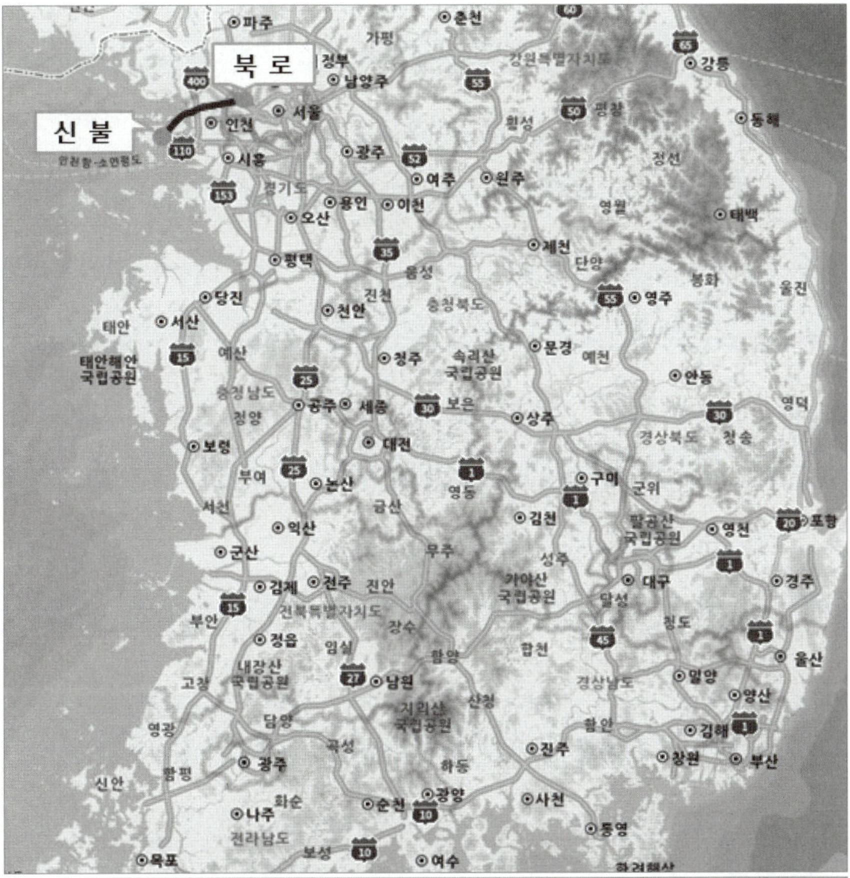

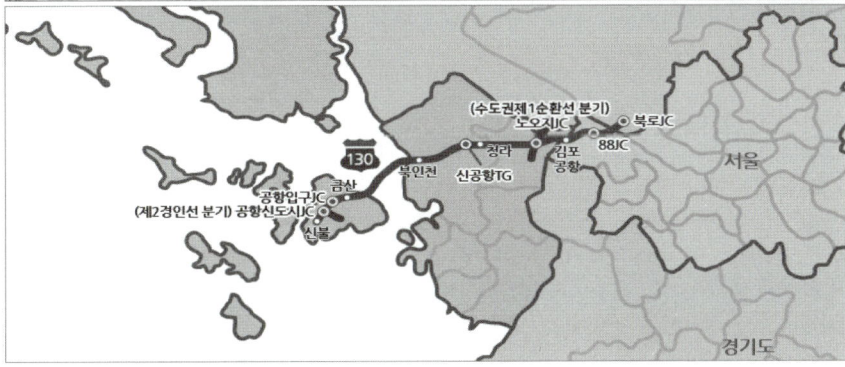

노선 개요

노선번호	제130호	국가간선도로망	동서 9축
연장(km)	36.6km	차로	왕복 6, 8차로
최초 개통	2000.11.21.	건설비	1조 4,766억 원
구간	신불IC(인천광역시 중구) ~ 북로JCT(경기도 고양시)		

건설 배경

1980년대 말, 급격한 경제성장에 따른 고속도로의 통행 수요는 급격히 증가한 반면, 재원 부족으로 고속도로 공급은 부족하여 고속도로에 지정체로 발생하는 사회적 손실이 증가하는 상황에서, 정부는 인천국제공항과 서울을 연결하는 고속도로를 건설하기로 결정

건설 경위

1993. 9월	고양~인천 고속국도 제20호 '수도권신공항선' 지정
1994. 2월	기본 및 실시설계 완료
1994. 11월	제13차 고속전철 및 신국제공항건설추진위원회에서 건설 의결
1995. 10월	민간투자사업으로 전환되어, 신공항하이웨이주식회사 설립
1995. 12월	착공(영종대교 하부~노오지)
1997. 8월	노선명 '인천국제공항고속도로' 변경
2000. 11월	개통
2000. 12월	유료 통행 시작
2001. 8월	노선번호 제130호로 변경
2023. 10월	영종대교 통행료 인하

건설 효과

경제적 편익

경제적 편익	출처
서울과 인천국제공항 30분대 연결	「신공항하이웨이 기업소개」 (신공항하이웨이 홈페이지)

사회적 효과

- 공항 주변 영종도 등 관광단지 개발과 공항 배후단지 건설 진행

상징적 효과

- 국내 최초 민간자본 투자방식으로 건설된 고속도로, 11개 민간기업 컨소시엄 구성
- 섬과 육지를 이어주는 국내 최초 연륙도로이자, 육지로 진입하는 가장 오래된 도로

기공식(국가기록원)

기공식(국가기록원)

인천공항톨게이트(신공항하이웨이(주))

비상주차대(신공항하이웨이(주))

영종대교(신공항하이웨이(주))

영종대교휴게소(신공항하이웨이(주))

노선도

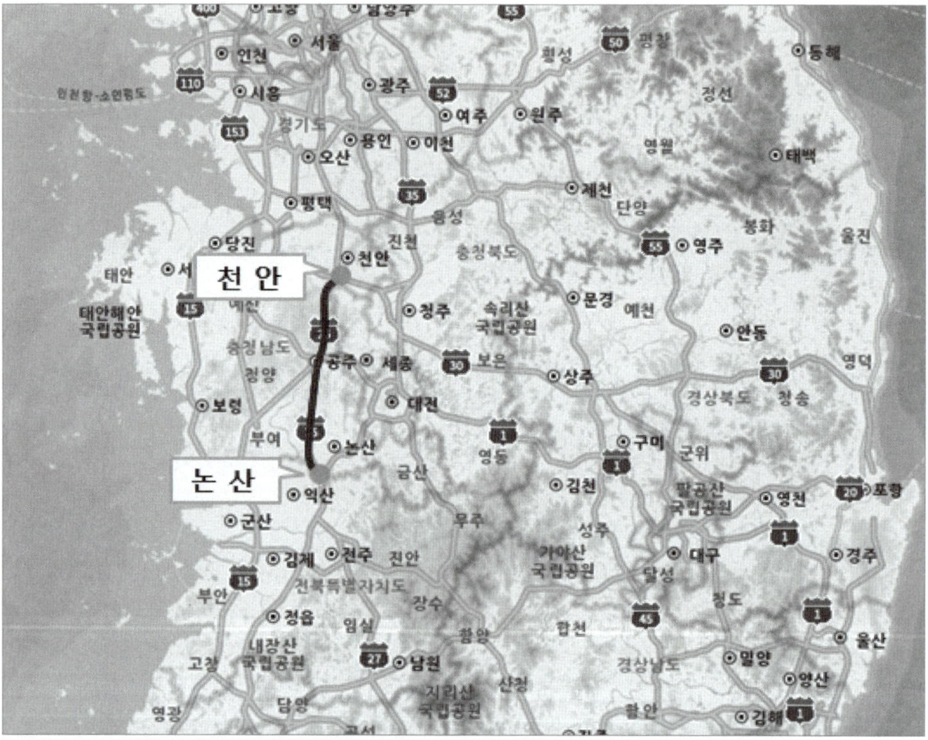

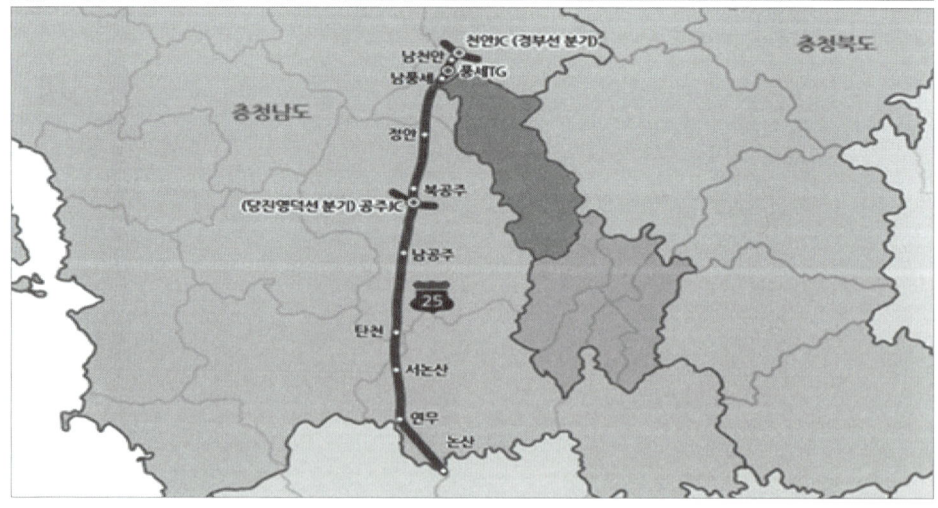

노선 개요

노선번호	제25호	국가간선도로망	남북 3축
연장(km)	82.0km	차로	왕복 4차로
최초 개통	2002.12.23.	건설비	1조 7,300억 원
구간	논산JCT(충청남도 논산시) ~ 천안JCT(충청남도 천안시)		

건설 배경

대전을 거치지 않고 천안에서 논산을 연결하여, 경부고속도로 천안~회덕 구간과 기존 호남고속도로의 병목 현상을 해결하기 위해 건설

건설 경위

1995. 7월	민간 투자 방식으로 추진 확정
1995. 11월	민간유치시설사업 기본계획(안) 합동 공청회에서 천안~논산 기본계획(안) 논의
1996. 8월	사업시행자 지정
1997. 12월	전 구간 본격 착공 및 천안논산고속도로(주) 설립
2001. 8월	노선번호 체계 개편으로 고속국도 제25호선 '호남고속도로' 편입
2002. 12월	천안~논산 개통
2009. 10월	당진상주고속도로와 연계 위한 공주분기점 개통

건설 효과

● 경제적 편익

경제적 편익	출처
주행거리/시간 30km/30분 단축 연간 물류비 1,900억원 절감	한국민족문화대백과사전

● 사회적 효과
• 백제문화유적지 등 관광자원이 풍부한 충남지역의 경제 발전에 크게 기여

● 상징적 효과
• 민간 자본을 활용하여 조기에 국가 기간망을 확충한 대표적인 성공 모델

기공식

대전-전주 개통식

두계천교

전주나들목

만경강교

장성분기점

중앙고속도로(부산~대구)

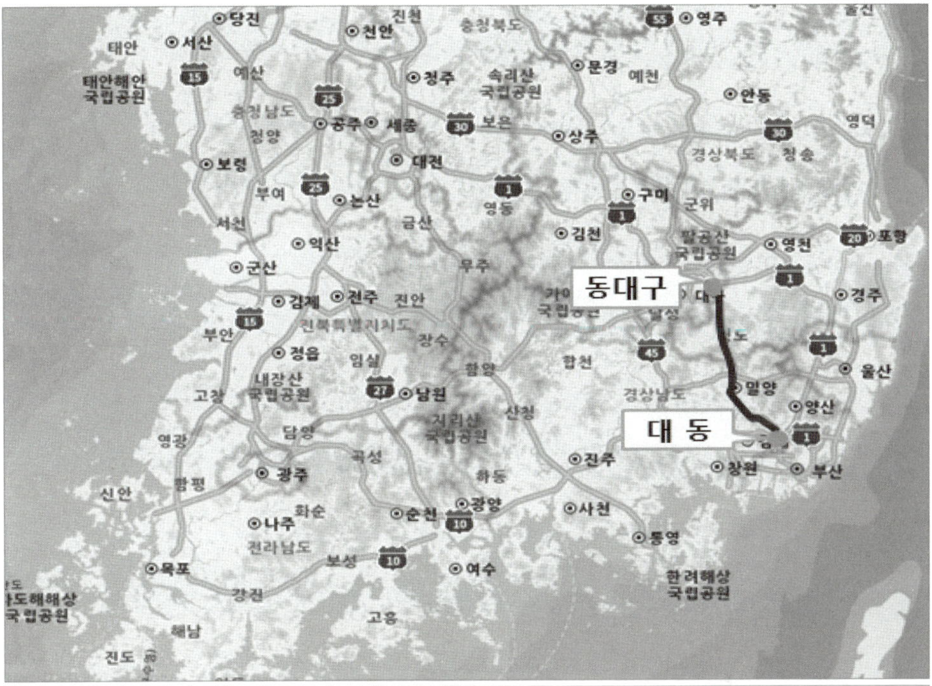

노선도

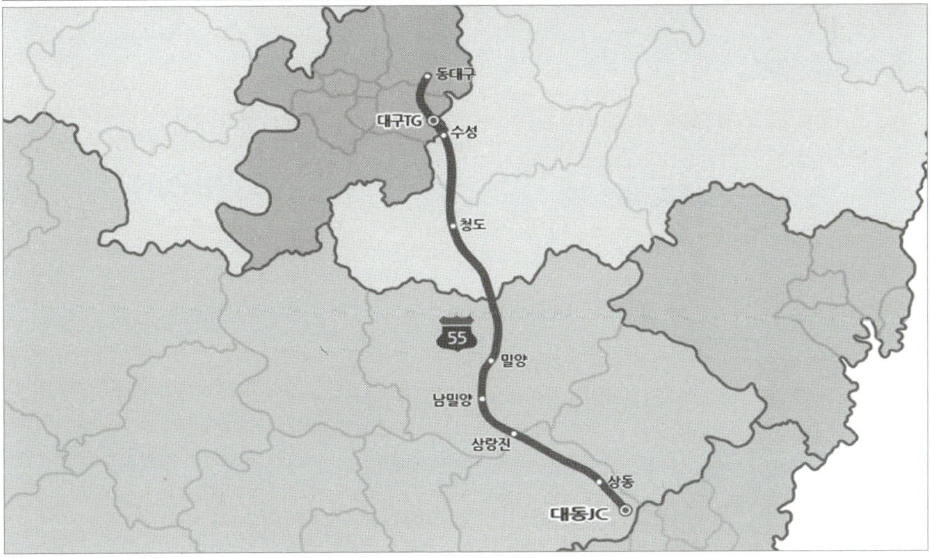

노선 개요

노선번호	제55호	국가간선도로망	남북 8축
연장(km)	82.0km	차로	왕복 4차로
최초 개통	2006.01.25.	건설비	2조 7,497억 원
구간	대동JCT(경상남도 김해시) ~ 동대구IC(대구광역시 동구)		

건설 배경

기존 경부고속도로에 집중된 교통량을 분산시켜 영남권의 고질적인 교통난을 해소하고, 밀양·청도 등 고속도로 접근성이 낮았던 경북 남부와 경남 내륙지역을 직접 관통하여 경제 활성화을 도모하고자 건설

건설 경위

1994. 6월 ── 부산~대구 고속도로 건설계획 발표
1999. 12월 ── 신대구부산고속도로주식회사 설립
2001. 2월 ── 중앙고속도로 대동~동대구 착공
2001. 5월 ── 고속국도 제55호선 '중앙고속도로'로 지정 통합
2005. 12월 ── 주요 공정 완료 및 시운전(공정률 95%)
2006. 1월 ── 전 구간 개통

건설 효과

● 경제적 편익

경제적 편익	출처
주행거리/시간 39.4km/30분 단축 연간 물류비 4,500억원 절감	「경제e정표 경제정책시계열서비스」

● 사회적 효과
• 밀양과 청도 지역의 관광 수요 및 기업 유치를 촉진하여 지역 소멸 위기 대응

● 상징적 효과
• 대한민국 민자 고속도로 사업의 성공적 안착을 상징하는 모델

건설현장(MBC)

건설현장(한국건설신문)

개통식(경남도청)

고정대교(영남일보)

밀양분기점(국제신문)

수성분기점(매일신문)

100 수도권제1순환고속도로(일산~퇴계원)

노선도

일 산
퇴계원
개성
포천
파주
춘천
의정부
고양
남양주
서울
인천
광주
시흥
여주
원주
강릉
동해
용인
이천
오산
평택
제천
태백
당진
천안
서산
영주
청주
문경
안동
공주
세종
상주
대전
논산
구미
김천
익산
영천
군산
대구
김제
전주
경주
정읍
남원
밀양
울산
양산
김해

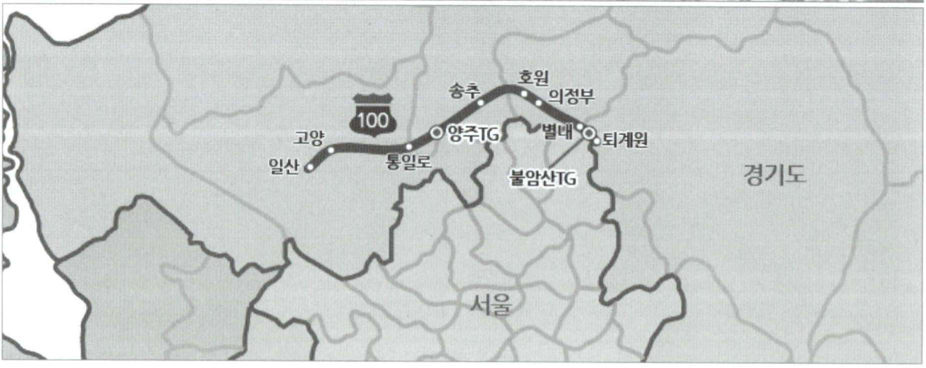

100
호원
송추
의정부
고양
양주TG
별내
퇴계원
일산
통일로
불암산TG
경기도
서울

노선 개요

노선번호	제100호	국가간선도로망	순환 1축, 남북 5, 6축
연장(km)	36.3km	차로	왕복 8차로
최초 개통	2006.06.30.	건설비	2조 2,792억 원
구간	일산IC(경기도 고양시) ~ 퇴계원IC(경기도 구리시)		

건설 배경

1980년대 말 '1기 신도시' 건설에 따라 폭증하는 서울 도심 통과 교통량을 분산하여 정체를 완화하고, 서울을 중심으로 방사형으로 뻗은 경부·중부·서해안고속도로 등 주요 간선도로를 하나로 묶어 수도권 전체를 유기적으로 연결하려는 목적

건설 경위

1996. 3월	일산~퇴계원 민자유치 대상사업 선정
1998. 6월	일산~퇴계원 민자유치 시설사업 기본계획 고시
2000. 12월	실시협약 체결
2001. 6월	퇴계원~일산 착공
2006. 6월	일산~송추, 의정부~퇴계원 개통
2007. 12월	송추~의정부 개통되어 전 구간 개통

건설 효과

●) 경제적 편익

경제적 편익	출처
주행거리/시간 10.9km/50분 단축 연간 물류비 7,662억원 절감	「서울외곽순환고속도로 20년만에 완전개통」 (2007년, 건설교통부)

●) 사회적 효과
• '수도권 단일 생활권' 완성과 신도시가 자립형 도시로 성장하는 핵심 인프라 역할

●) 상징적 효과
• 경기도와 서울이 수평적으로 상생하는 수도권이라는 인식의 변화

노고산2터널(한국건설신문)

개통식(경기도멀티미디어자료실)

개통식(KBS)

사패산터널(경기도멀티미디어자료실)

일산분기점(나무위키)

호원분기점(국토교통부)

노선도

![노선도 지도]

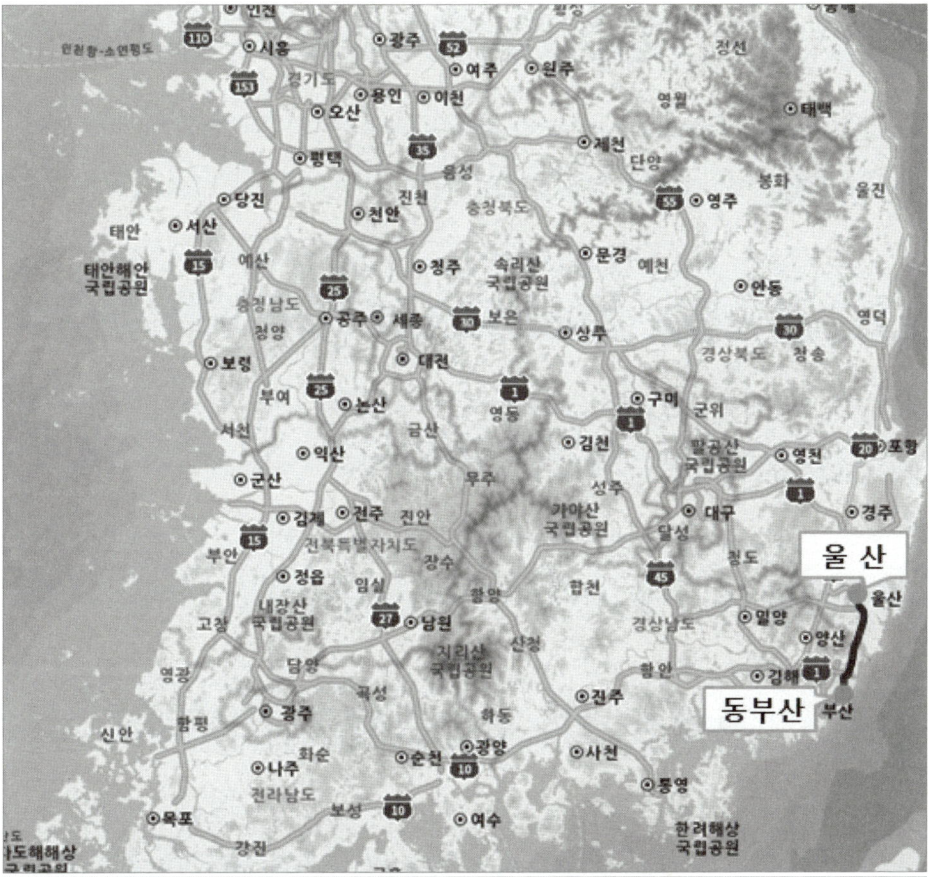

노선 개요

노선번호	제65호	국가간선도로망	남북 10축
연장(km)	47.2km	차로	왕복 4, 6차로
최초 개통	2008.12.29.	건설비	1조 2,660억 원
구간	동부산IC(부산광역시 해운대구) ~ 울산JCT(울산광역시 울주군)		

건설 배경

한국 최대의 항구도시 부산과 자동차·조선 등 중공업 도시인 울산을 직접 연결하여 두 거점 간의 산업 시너지를 극대화하고 동남권 경제 발전을 촉진하기 위해 건설

건설 경위

2001. 11월 ── 부산~울산 건설 사업 착공
2004. 11월 ── 민간투자심의위원회에서 민자사업으로 전환
2006. 5월 ── 부산울산고속도로(주) 법인 설립
2006. 8월 ── 민자 구간으로서 공사 시행
2008. 12월 ── 부산~울산 개통

건설 효과

●) 경제적 편익

경제적 편익	출처
주행시간 30분대로 단축 연간 물류비 2,362억원, 환경개선비 55억원 절감	「부산~울산고속도로 29일 개통」 (2008년, 국토해양부)

●) 사회적 효과
• 동남권 메가시티의 토대를 마련했으며, 해운대 관광자원과 울산의 산업자원이 유기적으로 결합

●) 상징적 효과
• '동해안 시대'를 여는 첫 번째 관문이자 영남권의 역동성을 상징
• 서해안과 남해안에 이어 동해안을 잇는 'U자형' 간선 도로망 구축

개통식(국토교통부)

동부산톨게이트(부산시)

문수나들목(영남매일)

지점 미상(국토부)

울산분기점(경상일보)

기장톨게이트(국제신문)

용인서울고속도로 · 오산화성고속도로

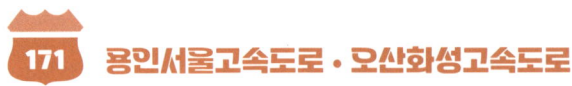

노선도

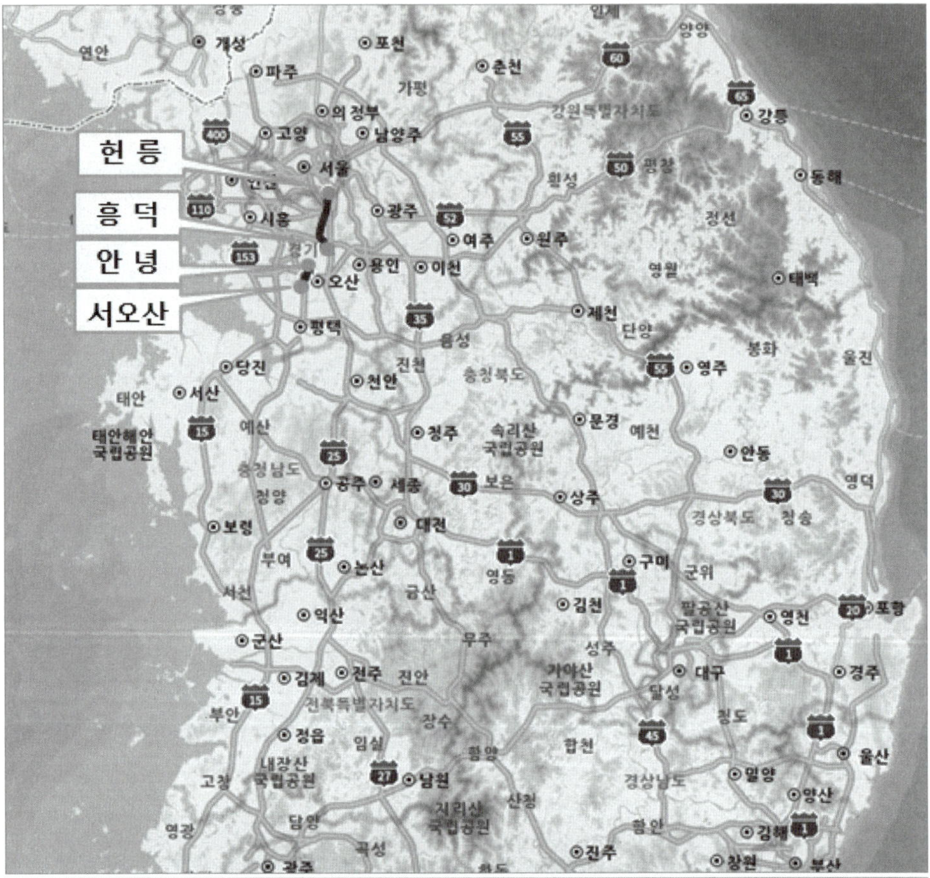
헌 릉
흥 덕
안 녕
서오산

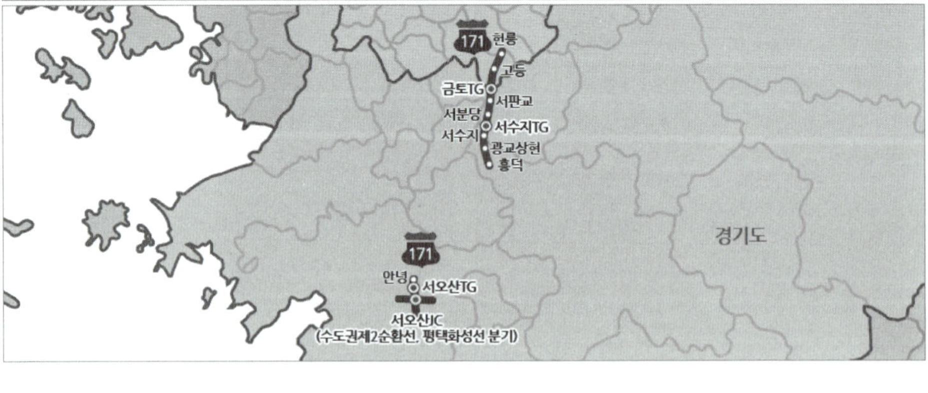
171
헌릉
고등
금토TG
서판교
서분당
서수지TG
서수지
광교상현
흥덕
경기도
171
안녕
서오산TG
서오산JC
(수도권제2순환선, 평택화성선 분기)

노선 개요

노선번호	제171호	국가간선도로망	남북 2축(지선), 3축(지선)
연장(km)	25.5km	차로	왕복 4, 6차로
최초 개통	2009.07.01.	건설비	1조 4,932억 원
구간	흥덕IC(경기도 용인시) ~ 헌릉IC(서울특별시 서초구) 서오산JCT(경기도 오산시) ~ 안녕IC(경기도 화성시)		

건설 배경

수도권 남부 인구 급증에 따라 포화 상태에 이른 경부고속도로 수원~양재 구간과 국도 23호선의 교통혼잡을 완화하기 위해 건설

건설 경위

2002. 9월 ── 민간 투자 사업 제안서 제출 및 사업 추진 확정
2003. 12월 ── 경수고속도로(주) 설립 및 사업시행자 지정
2003. 5월 ── 서오산~안녕 착공
2005. 10월 ── 흥덕~헌릉 착공
2008. 1월 ── 고속국도 제171호 '용인서울고속도로' 노선 지정
2009. 7월 ── 용인서울고속도로 전 구간 개통
2009. 10월 ── 오산화성고속도로 개통

건설 효과

◉ 경제적 편익

경제적 편익	출처
주행시간 22분 단축 운행 비용, 사고 감소 등 연간 편익 886억원	「용인~서울 민자고속도로 7월 1일 개통」 (2009년, 국토해양부)

◉ 사회적 효과
• 용인에서 강남까지의 이동 시간을 단축하여, 수도권 남부 IT산업 밸리의 강남 접근성 대폭 향상

◉ 상징적 효과
• 2기 신도시의 성공을 뒷받침한 '신도시 맞춤형 도로'

개통식(연합뉴스)

개통식(연합뉴스)

지점 미상((주)용인서울고속도로)

지점 미상((주)용인서울고속도로)

지점 미상((주)용인서울고속도로)

금토분기점(매일경제)

노선도

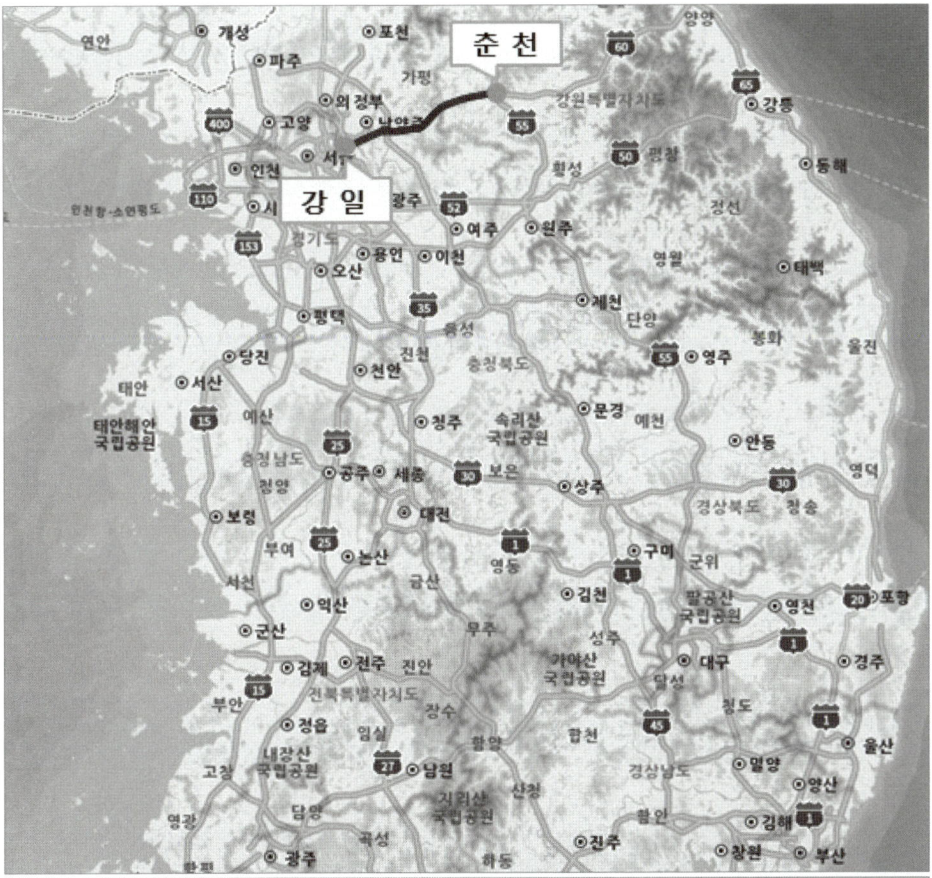

노선 개요

노선번호	제60호	국가간선도로망	동서 9축
연장(km)	61.4km	차로	왕복 4~8차로
최초 개통	2009.07.15.	건설비	2조 2,725억 원
구간	강일IC(서울특별시 강동구) ~ 춘천JCT(강원특별자치도 춘천시)		

건설 배경

만성적인 정체 구간인 국도 6호선과 46호선의 기능을 대체하여 서울과 춘천 사이의 이동 시간을 획기적으로 단축하고, 중부내륙 및 중앙고속도로와의 유기적인 연결로 수도권과 강원도를 잇는 복합적인 교통 네트워크 완성 목적

건설 경위

2001. 9월	현대산업개발 국내 최초 민간 투자 사업 제안 제출
2002. 11월	서울춘천고속도로(주) 설립
2004. 3월	민간투자심의위원회에서 서울춘천고속도로(주) 사업시행자 선정
2004. 8월	강일~춘천 착공
2009. 7월	강일~춘천 개통

건설 효과

●》 경제적 편익

경제적 편익	출처
주행시간 30분 단축 연간 개통 편익 2,490억원	「춘천도 이제 수도권, 서울서 38분이면 충분」 (2009년, 국토해양부)

●》 사회적 효과
• 춘천을 '수도권 생활권'으로 편입시켜, 인구 유입의 기폭제

●》 상징적 효과
• '강원도로 가는 가장 빠른 길'이자 영서 북부권 개발의 서막을 알리는 상징

거설(조선비즈)

개통식(연합뉴스)

남양주톨게이트(연합뉴스)

지점 미상(맥쿼리인프라)

홍천나들목 부근(조선일보)

지점 미상(맥쿼리인프라)

노선도

공항신도시

여수대로

학 익

석 수

공항신도시JC(인천국제공항선 분기)
영종
인천대교TG
학익JC(제2경인선 분기)
오련
송도
연수JC

서울

여수대로
석수 삼막   북청계
동판교
북의왕 판교JC(경부선 분기)

경기도

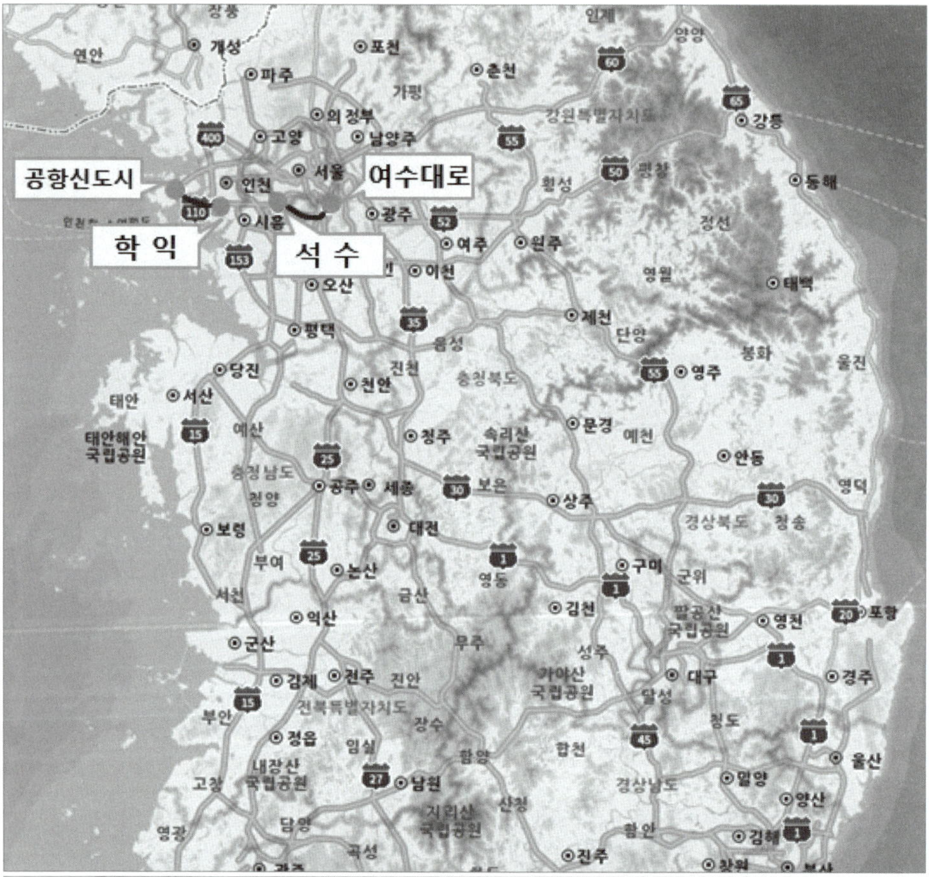

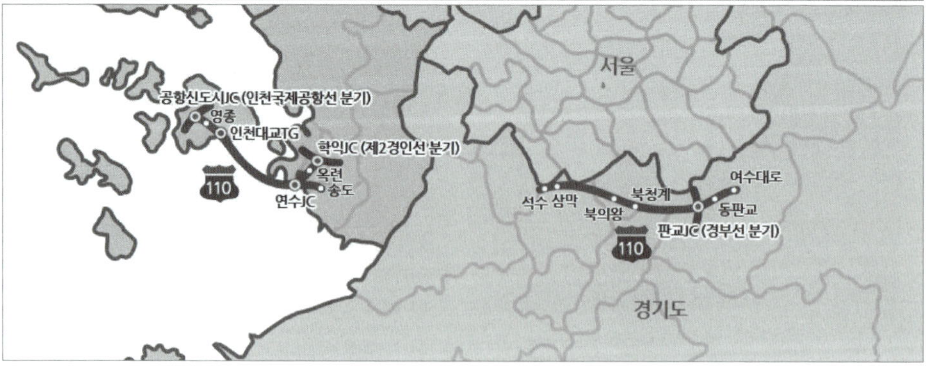

노선 개요

노선번호	제110호	국가간선도로망	동서 8축
연장(km)	43.3km	차로	왕복 2~8차로
최초 개통	2009.10.19.	건설비	3조 768억 원
구간	공항신도시JCT(인천광역시 중구) ~ 학익JCT(인천광역시 미추홀구) 석수IC(경기도 안양시) ~ 여수대로IC(경기도 성남시)		

건설 배경

(인천대교) 영종도와 인천 남부·수도권 남부 지역을 최단 거리로 연결하여 공항 접근 시간을 획기적으로 단축하기 위해 건설

(안양성남) 수도권 남부 동서 축을 완성하여 경인축을 유기적으로 연결하기 위해 건설

건설 경위

인천대교

1992. 6월	—	인천국제공항건설 기본계획
1999. 7월	—	김대중 前대통령이 캐나다 방문 중 인천제2연륙교 경협사업 제안
2003. 6월	—	실시협약 체결 및 사업시행자 선정
2004. 2월	—	초기 완공에 대한 관계부처 협의
2005. 3월	—	민간투자심의위원회 심의 가결
2005. 6월	—	인천대교 착공
2009. 10월	—	인천대교 개통

안양성남

2005. 4월	—	민간투자사업 추진 계획 발표
2007. 7월	—	'제2경인연결고속도로주식회사' 설립
2010. 3월	—	제2경인선(안양~성남)고속도로 실시계획 승인
2012. 5월	—	착공
2017. 9월	—	삼막~여수대로 전 구간 개통

건설 효과

경제적 편익

경제적 편익	출처
(인천대교) 송도~인천공항 15분대 이동 생산 3조 8,900억원, 부가가치 1조 5,163억원 고용 4만 8천명 유발	「국내 최장 인천대교 개통…통행료 5,500원 확정」 (2009, 국토해양부) 「인천대교 연구보고서」(2009, 인천발전연구원)
(안양성남) 주행거리/시간 7.3km/36분 단축	「올해 간선도로망 918km 구축… 지역 균형 발전 도모」(2017년, 국토교통부)

사회적 효과
- (인천대교) 수도권 남부와 충청권의 공항 이용 편의 극대화
- (안양성남) 판교 테크노밸리와 안양 IT단지를 잇는 '혁신 사업의 연결고리' 역할

상징적 효과
- (인천대교) '세계 10대 경이로운 건설 프로젝트'에 선정될 만큼 웅장한 사장교
- (안양성남) 관악산과 청계산을 관통하는 고난도 공법 통해 '친환경 고속도로' 상징

인천대교 기공식

인천대교 건설

인천대교 준공식

인천대교

개통식

지점 미상(중앙일보)

노선도

연안
개성
양주
포천
파주
춘천
60
양양
의정부
가평
남양주
65
강릉
서김포·통진
고양
서울
55
화도
강원북부자치도
남청라
인천
화도
평창
50
동해
110
시흥
광주
52
여주
원주
정선
인천항·소연평도
153
용인
이천
영월
태백
마도
오산
곤지암
평택
음성
제천
단양
55
봉화
울진
영주
당진
진천
천안
충청북도
문경
예천
안동
태안
서산
15
예산
청주
속리산
국립공원
영덕
태안해안
국립공원
25
공주
세종
30
보은
상주
30
청송
충청남도
청양
대전
경상북도
보령
부여
25
논산
1
영동
구미
군위
금산
1

양주
옥정
소흘JCT
고모IC
내촌IC
강화도
수동휴게소IC
서김포·통진
대곶
경기도
수동IC
검단·양촌
400
월산IC
북청라
화도JC
남청라
인천
서울
(중부고속도로분기)
곤지남JC
(영동고속도로분기)
서용인JC
도척IC
포곡IC
화성
서용인IC
400
마도JC
정남
북오산IC
동탄IC
서오산JC
(평택화성선, 오산화성선 분기)

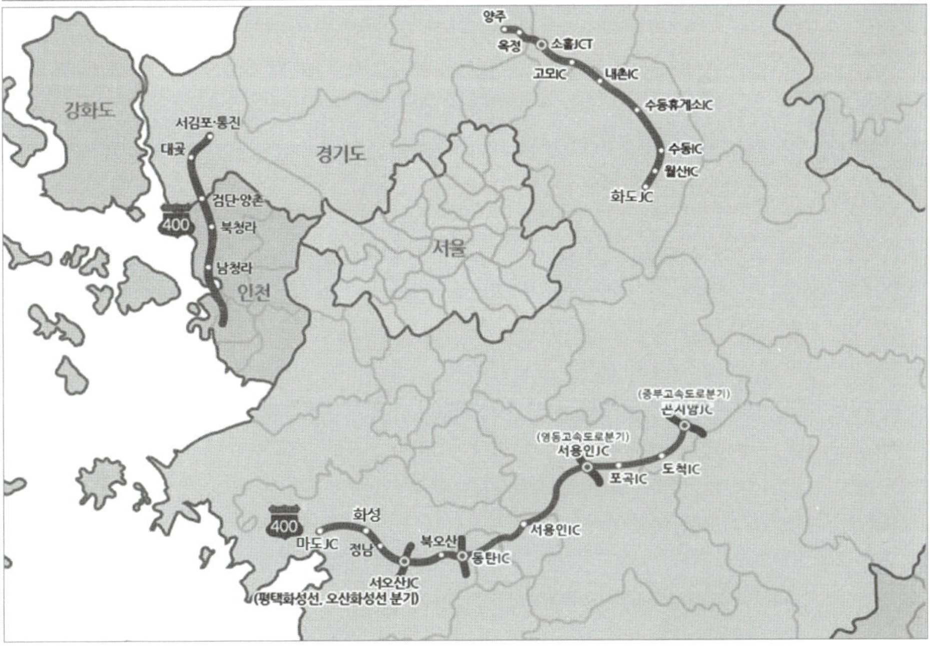

노선 개요

노선번호	제400호	국가간선도로망	순환 2축, 남북 1, 2, 7축
연장(km)	125km	차로	왕복 4, 6차로
최초 개통	2009.10.29.	건설비	7조 2,817억 원
구간	마도JCT(경기도 화성시) ~ 곤지암JCT(경기도 광주시) 남청라IC(인천광역시 서구) ~ 서김포·통진(경기도 김포시) 양주IC(경기도 양주시) ~ 화도JCT(경기도 남양주시)		

건설 배경

대규모 택지 개발에 따른 수도권의 인구 급증과 교통 수요를 수용하고, 주요 산업 거점의 물동량을 수도권 외곽으로 직접 분산 수송하여 기존 고속도로의 정체 해소를 위해 건설

건설 경위

2000. 12월	봉담~동탄 민간사업제안서 접수
2005. 1월	봉담~동탄 경기고속도로(주) 사업시행자 지정
2005. 6월	봉담~동탄 착공
2007. 3월	포천~화도 민간사업 제안
2007. 7월	인천~김포 인천김포고속도로(주) 사업시행자 지정
2008. 9월	광역경계권 30대 선도프로젝트 '제2외곽순환도로 (인천-파주-양평-오산-이천)' 지정
2009. 10월	봉담~동탄 개통
2012. 3월	인천~김포 착공
2012. 6월	봉담~송산, 화성~광주 민간투자심의위원회 민자사업 지정
2015. 5월	화성~광주 제이외곽순환고속도로(주) 실시협약 체결
2017. 3월	인천~김포 개통
2017. 5월	봉담~송산 착공
2017. 6월	양주~포천 개통
2021. 4월	봉담~송산 개통
2022. 3월	화성~광주 개통
2023. 9월	남안산~시화(시화MTV 구간) 개통
2024. 2월	포천~화도 개통

건설 효과

● 경제적 편익

경제적 편익	출처
(봉담동탄) 주행시간 30분 단축	「봉담~동탄, 평택~화성 고속도로 29일 개통」 (2009년, 국토해양부)
(인천김포) 주행거리/시간 7.6km/ 40~60분 단축 연간 물류비 2,150억원 절감	「인천 송도에서 김포 한강까지 25분 만에 주파」 (2017년, 국토교통부)
(봉담송산) 주행거리/시간 8.3km/26분 단축	「28일 00시부터 봉담 송산 고속도로 이용하세요」 (2021, 국토교통부)
(화성광주) 주행거리/시간 25km/32분 단축	「21일부터 화성~광주 고속도로 이용하세요」 (2022년, 국토교통부)
(시화MTV) 주행거리/시간 6.4km/16분 단축 연간 물류비 127억원 절감	수도권 제2순환고속도로 시화MTV 구간 25일 17시 개통(2023년, 한국도로공사)
(포천화도) 주행거리/시간 21km/17분 단축	「수도권 제2순환고속도로 포천~화도 12월 28일 개통」(2023년, 연합뉴스)

● 사회적 효과

• 각 구간 개통 시마다 평균 이동 시간이 단축되어 '수도권 1시간 생활권' 실현

● 상징적 효과

• 국가 재정의 한계를 민간 자본으로 극복하여 거대 순환망을 조기에 구축한 '민관 협력의 상징'

봉담-동탄 개통식

시화MTV 개통식

포천-화도 지점 미상(중부일보)

인천-김포 남항사거리(인천김포고속도로(주))

봉담-송산 마도분기점(국토교통부)

이천-오산 동탄분기점(국토교통부)

노선도

내 포
행주산성 / 남고양
소 하
오성 / 평택
포승 / 안중
부여구룡

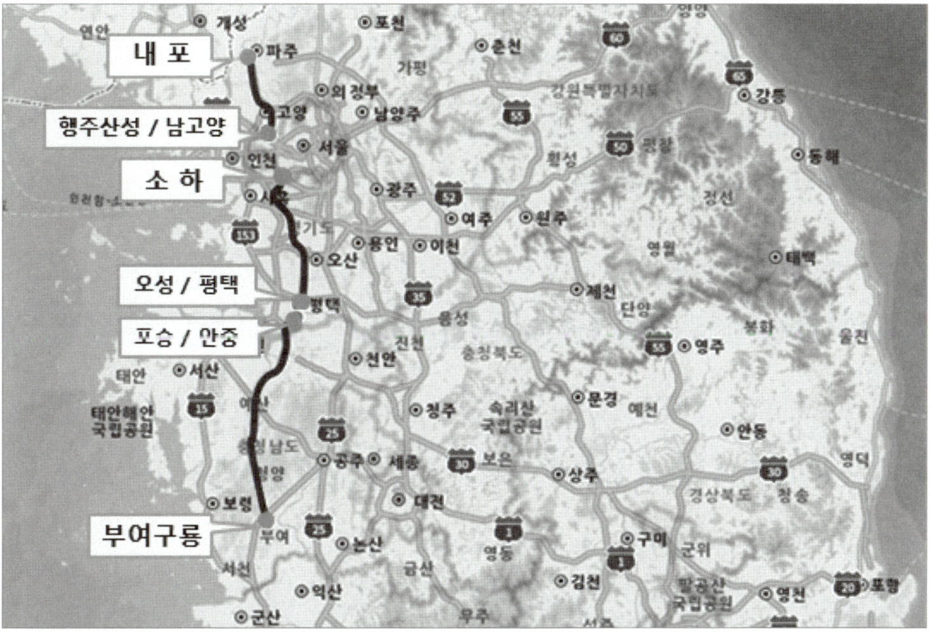

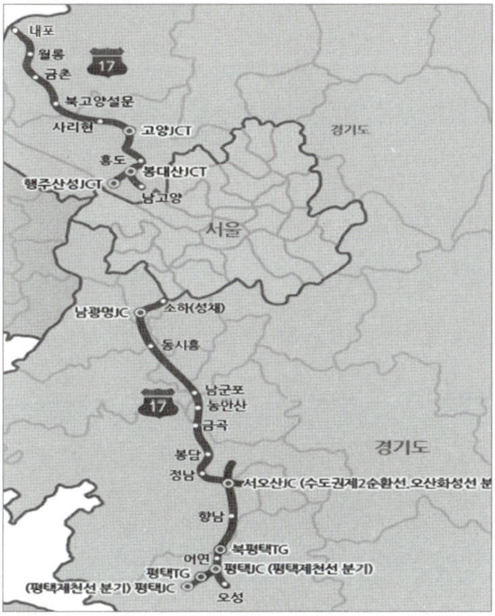

평택파주고속도로

익산평택고속도로

노선 개요

노선번호	제17호	국가간선도로망	남북 2축
연장(km)	183.3km	차로	왕복 2~6차로
최초 개통	2009.10.29.	건설비	8조 8,893억 원
구간	행주산성JCT / 남고양IC(경기도 고양시) ~ 내포IC(경기도 파주시) 오성IC / 평택JCT(경기도 평택시) ~ 소하IC(경기도 광명시) 부여구룡IC(충남 부여군) ~ 포승JCT / 안중IC(경기도 평택시)		

건설 배경

주요 간선도로의 정체를 분산해 평택항과 화성산업단지의 물류를 활성화하고, 충남 내륙 및 경기 북부의 접근성을 높여 서부와 서울을 잇는 남북 경협의 중추적 역할을 위해 건설

건설 경위

평택파주

2001. 6월	예비타당성 조사 완료
2002. 12월	(수원광명) 민간사업제안서 제출
2004. 2월	(평택화성) 경기고속도로(주) 우선협상대상자 지정
2005. 6월	(평택화성) 오성~봉담 착공
2009. 10월	(평택화성) 오성~봉담 개통
2011. 4월	(수원광명) 소하~봉담 착공
2013. 7월	(서울문산) 통일 대비 명분으로 경기 북부 접근성 개선 논의
2016. 4월	(수원광명) 소하~봉담 개통
2015. 11월	(서울문산) 내포~남고양 착공
2020. 11월	(서울문산) 내포~남고양 개통

익산평택

2019. 12월	(익산평택) 포승~부여구룡 착공
2024. 12월	(익산평택) 포승~부여구룡 개통

건설 효과

● 경제적 편익

경제적 편익	출처
(평택화성) 주행시간 30분 단축 연간 물류비 3,000억원 절감	「봉담~동탄, 평택~화성 고속도로 29일 개통」 (2009년, 국토해양부)
(수원광명) 주행거리/시간 5km/20분 단축 연간 물류비 2,200억원 절감	「수원~광명 고속도로 29일 오후 개통」 (2016년, 국토교통부)
(서울문산) 주행거리/시간 8km/10분 단축	「7일 00시 서울~문산 고속도로 개통」 (2020년, 국토교통부)
(익산평택) 주행거리/시간 32km/26분 단축	「'서해안의 제2대동맥' 서부내륙고속도로 평택-부여 개통」(2020년, 국토교통부)

● 사회적 효과
• 서해안고속도로와 경부고속도로의 만성적인 정체 구간을 우회하여 교통량을 해소하고, 특정 도심에 집중된 인구 압력을 분산하여 국토 서축 전반의 정주 여건을 상향 평준화

● 상징적 효과
• '제2서해안 대동맥' 구축과 대규모 종단 도로망을 최단기에 완성한 민관 협력의 상징적인 모델

평택-화성 개통식(데일리안)

수원-광명 호매실지하차도(국토매일)

수원-광명 남군포톨게이트(수도권서부고속도로(주))

서울-문산 개통식(국토교통부)

서울-문산 고양분기점(국토교통부)

평택-부여 예당호휴게소(충청남도)

노선도

군 자

서평택

군자JC (영동선.분기)

서시흥

남안산

경기도

153

송산마도

조암

서평택JC (서해안선. 평택제천선 분기)

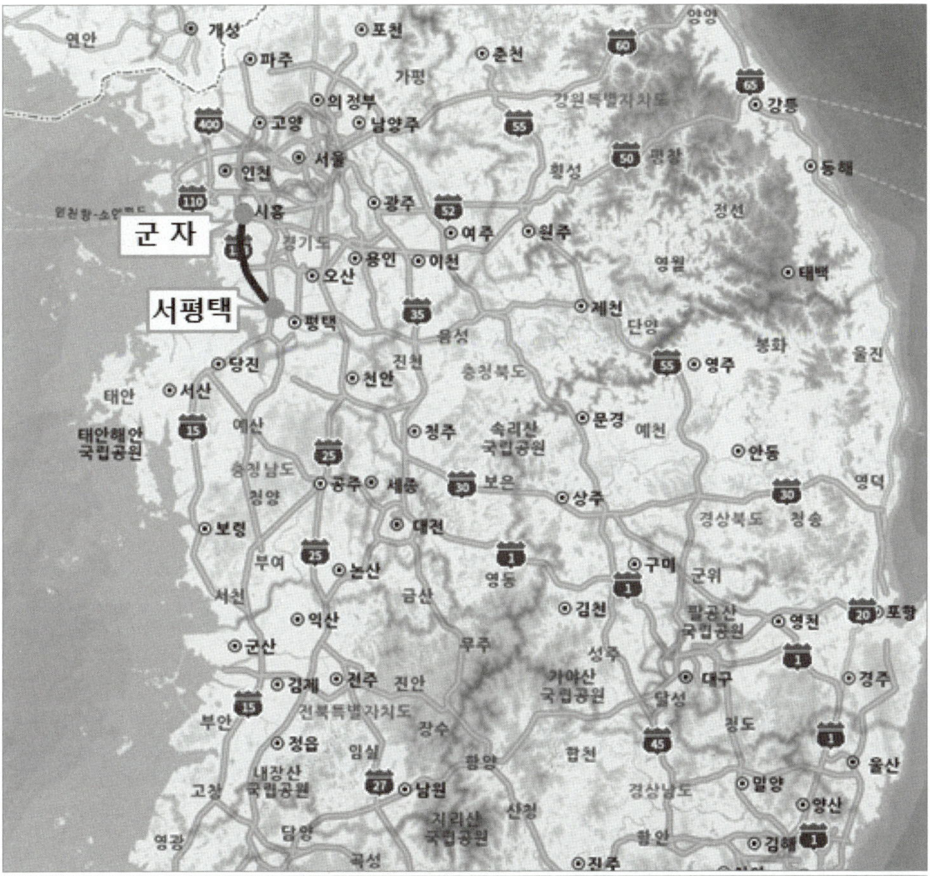

노선 개요

노선번호	제153호	국가간선도로망	남북 1축
연장(km)	40.3km	차로	왕복 4, 6차로
최초 개통	2013.03.28.	건설비	1조 3,263억 원
구간	서평택JCT(경기도 평택시) ~ 군자JCT(경기도 시흥시)		

건설 배경

서해안고속도로 서평택~안산 혼잡구간 우회 및 국도38·39호선의 교통 부담을 줄이며, 인천경제자유구역, 시화·반월국가산단, 평택·당진항의 연결을 위해 기획

건설 경위

2005. 5월 —— 민간사업 제안 제3자 공고
2006. 12월 —— 제2서해안고속도로주식회사 설립
2008. 3월 —— 서평택~남안산 착공
2008. 9월 —— 광역경계권 30대 선도프로젝트 '물류고속도로(제2서해안선)' 지정
2010. 12월 —— 도로명주고 '평택시흥고속도로' 고시
2013. 3월 —— 전 구간 개통

건설 효과

● 경제적 편익

경제적 편익	출처
주행거리/시간 3.8km/15분 단축 연간 물류비 1,500억원 절감 이산화탄소 1.74만톤 감축	「평택~시흥 제2서해안 고속도로, 오늘 17시 개통」 (2013년, 국토교통부)

● 사회적 효과
• 서해안 대표 관광지 등으로의 접근성을 높여 지역 관광 수익 증대 기여

● 상징적 효과
• 서해안고속도로를 보완하는 '제2서해안선'의 시발점

개통식(한라건설)

서시흥톨게이트(중앙매일)

장안톨게이트(경인일보)

시화대교(제이서해안고속도로(주))

지점 미상(제이서해안고속도로(주))

지점 미상(제이서해안고속도로(주))

노선도

노선 개요

노선번호	제52호	국가간선도로망	동서 8축
연장(km)	56.9km	차로	왕복 4차로
최초 개통	2016.11.11.	건설비	1조 6,000억 원
구간	경기광주JCT(경기도 광주시) ~ 원주JCT(강원특별자치도 원주시)		

건설 배경

수도권의 고질적인 정체 구간인 영동고속도로 호법~원주의 교통량을 분산 수용하여 상습 정체를 해소하며, 2018년 평창 동계올림픽의 핵심 수송노선으로 인천공항과 수도권에서 경기장까지의 이동 시간을 단축하고자 건설

건설 경위

2005. 2월	—	제2영동고속도로 민자 우선 추진대상사업 선정
2006. 9월	—	민간제안사업 제3자 제안공고
2007. 5월	—	제2영동고속도로(주) 설립
2008. 1월	—	고속국도 제52호선 '광주원주고속도로' 노선 지정
2008. 9월	—	광역경계권 30대 선도프로젝트 '제2영동고속도로(경기광주-원주)' 지정
2010. 3월	—	실시계획 승인 및 도로구역 결정
2011. 11월	—	광주~원주 착공
2016. 11월	—	전 구간 개통
2018. 2월	—	평창 동계올림픽 기간 수송로 활용

건설 효과

◖ 경제적 편익

경제적 편익	출처
주행거리/시간 15km/23분 단축 연간 물류비 1,500억원 절감	「경기 광주~원주 고속도로 11일 개통… 서울~원주 50분대」(2016년, 국토교통부)

◖ 사회적 효과
• 강원 영서권을 '수도권 1시간 생활권'으로 만듦

◖ 상징적 효과
• 평창 동계올림픽의 성공적 개최를 뒷받침

월송나들목(원주신문)

지정3터널(원주신문)

개통식(강원일보)

지정2터널(연합뉴스)

동곤지암나들목(연합뉴스)

대신나들목 부근(연합뉴스)

노선도

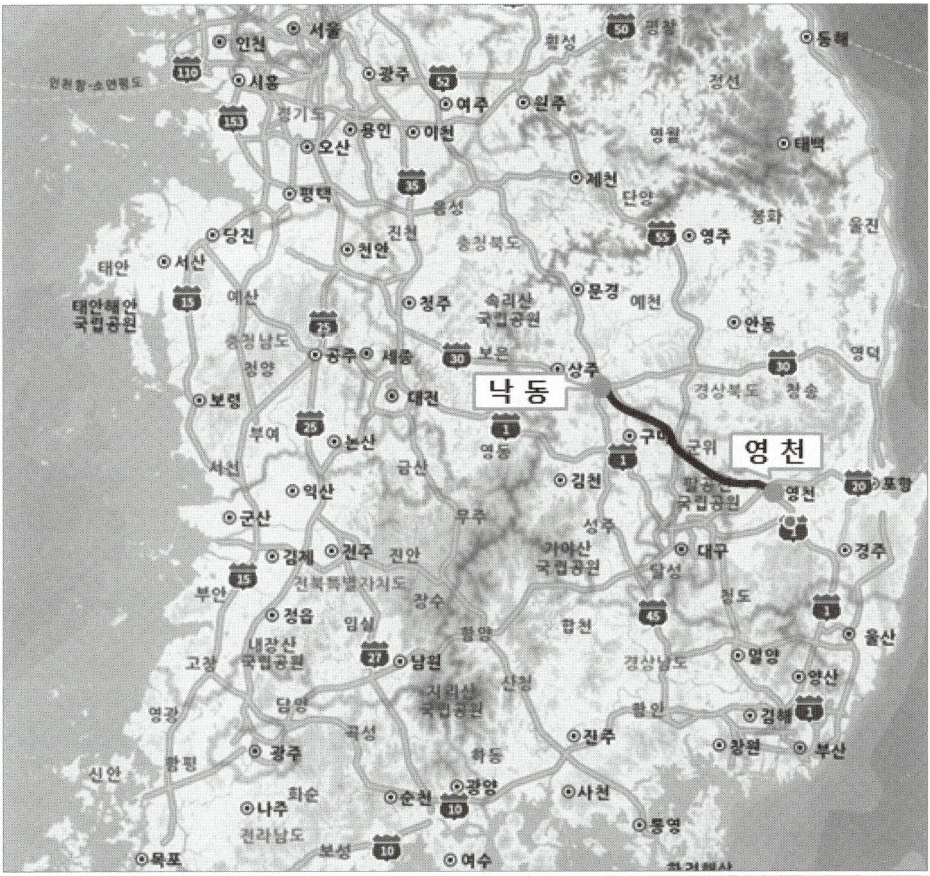

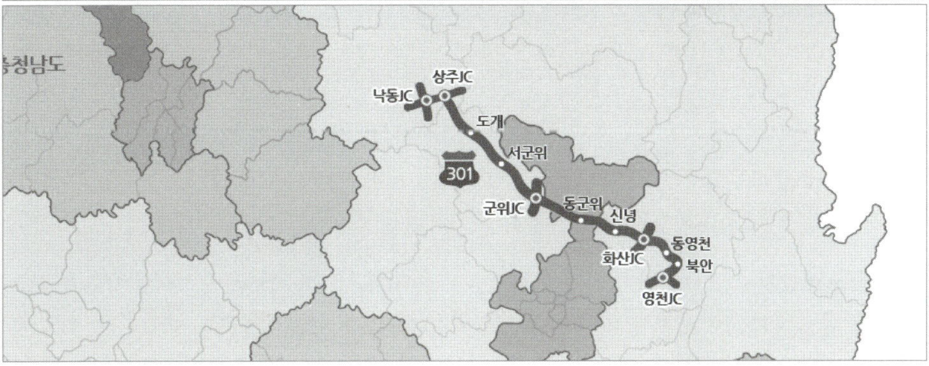

노선 개요

노선번호	제301호	국가간선도로망	동서 4축(지선)
연장(km)	94.0km	차로	왕복 4, 6차로
최초 개통	2016.12.26.	건설비	2조 1,460억 원
구간	낙동JCT(경상북도 상주시) ~ 영천JCT(경상북도 영천시)		

건설 배경

경부고속도로의 상습 지·정체구간 교통을 분산시켜 대구·구미권 정체를 해소하고, 동남권 접근성을 개선하기 위해 건설

건설 경위

2003. 4월	민간사업제안서 제출
2006. 6월	민간제안사업 제3자 제안공고
2006. 11월	우선협상대상자 지정
2006. 12월	상주영천고속도로주식회사 설립
2008. 1월	고속국도 제301호선 '상주영천고속도로' 지정
2012. 4월	민간투자사업 실시계획 승인 및 도로구역 결정 고시
2012. 6월	착공
2016. 12월	낙동~상주 우선 개통 * 서산영덕고속도로 연계
2017. 6월	낙동~영천 전 구간 개통

건설 효과

● 경제적 편익

경제적 편익	출처
주행거리/시간 119km/30분 단축 연간 물류비 3,681억원 절감	「상주영천고속도로 개통, 울산 가는 길이 빨라진다」(2017년, 국토교통부)

● 사회적 효과
• 대구권 혼잡을 우회하는 새로운 축이 생기며, 경북 내륙과 동해안·동남권 교류 확대

● 상징적 효과
• 상주, 중앙, 익산포항 등 5개 고속도로와 연계되는 '동서남북 연결 네트워크' 구축

상촌1교 건설(디오닉스커뮤니케이션)

개통식(KR산업)

동영천톨게이트(매일신문)

낙동분기점(국토교통부)

신녕나들목(상주영천고속도로 주식회사)

화산분기점(상주영천고속도로 주식회사)

노선도

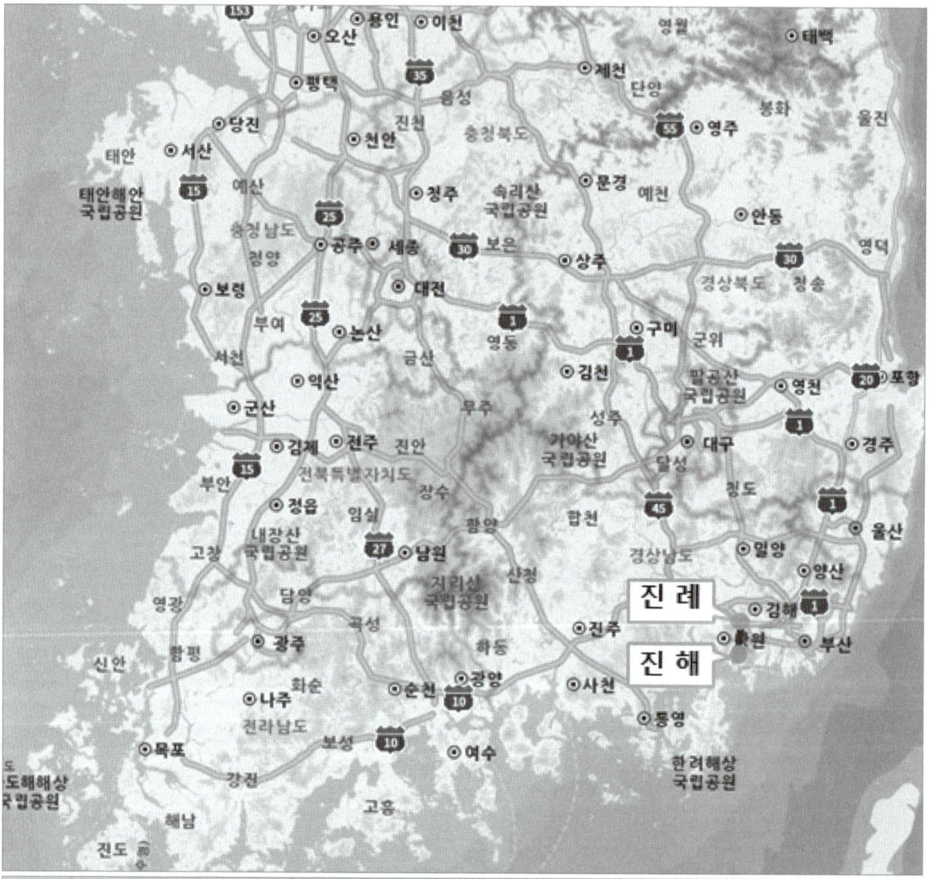

진례

진해

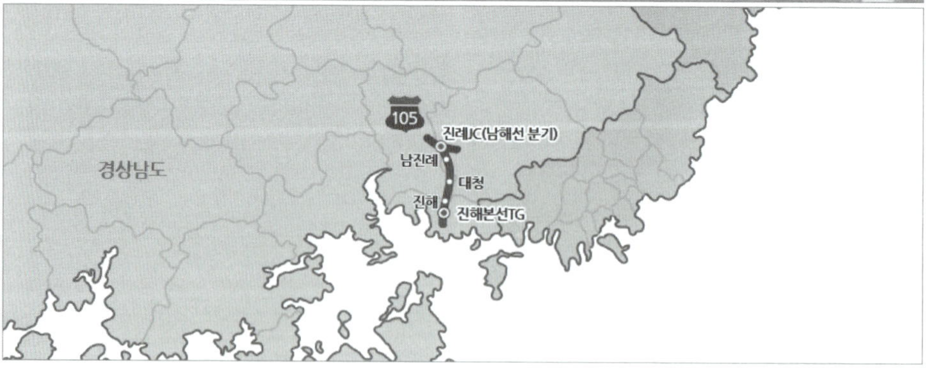

노선 개요

노선번호	제105호	국가간선도로망	–
연장(km)	15.3km	차로	왕복 4차로
최초 개통	2017.01.13.	건설비	6,281억 원
구간	진해IC(경상남도 창원시) ~ 진례JCT(경상남도 김해시)		

건설 배경

부산항 신항 배후부지와 내륙 고속도로망을 직접 연결하여 물동량을 신속히 처리함으로써, 부산항 신항 물류망을 고도화하고 동북아 물류 허브를 뒷받침할 광역 수송 체계를 조기에 구축하기 위해 기획

건설 경위

2008. 3월	부산신항제2배후도록(주) 설립
2008. 10월	민간투자사업 실시협약 체결
2008. 11월	진해~김해 고속국도 제105호 '남해고속도로제3지선' 지정
2012. 4월	실시계획 승인 및 도로구영 결정 고시
2012. 7월	착공
2017. 1월	진해~김해 개통

건설 효과

●) 경제적 편익

경제적 편익	출처
주행거리/시간 18.3km/34분 단축 연간 물류비 689억원 절감	「'부산항신항 제2배후도로' 개통… 물류 속도 빨라진다」 (2017년, 국토교통부)

●) 사회적 효과
• 화물차와 일반 승용차의 동선을 분리히여, 서부산권이 교통 안전성 제고 기여

●) 상징적 효과
• 남해고속도로의 최다 지선(3개) 보유 기록 완성 노선

남문웅천터널 건설(조선일보)

개통식(2017년)

남진례톨게이트(부산신항제2배후도로)

진해톨게이트 부근(경남신문)

진해톨게이트 부근(맥쿼리인프라)

남문대교(맥쿼리인프라)

29 세종포천고속도로(구리~포천)

노선도

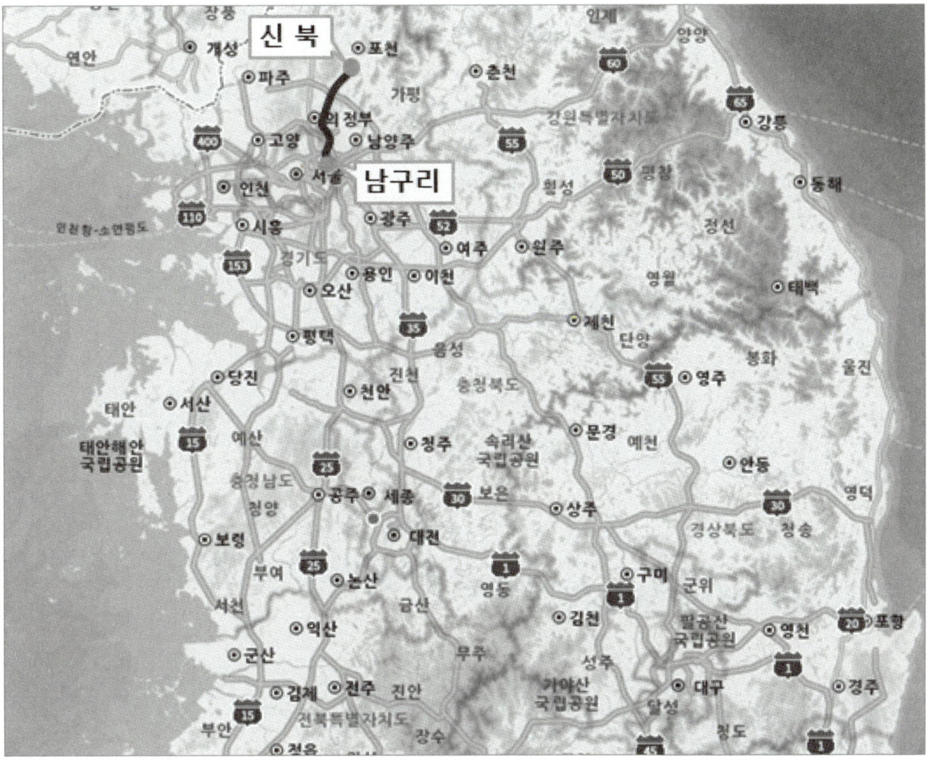

신북

포천

남구리

신북
포천
선단
소흘JCT
소흘
민락
동의정부
남별내
중랑
남구리

경기도

강원특별

서울

노선 개요

노선번호	제29호	국가간선도로망	남북 4축
연장(km)	44.6km	차로	왕복 4, 6차로
최초 개통	2017.06.30.	건설비	2조 8,867억 원
구간	남구리IC(경기도 구리시) ~ 신북IC(경기도 포천시)		

건설 배경

기존 국도 43호선과 강변북로 등에 집중되어 있던 수도권 동북부 교통난을 해소하고, 양주, 의정부 등 경기 북부 거주민의 접근성 개선을 통한 균형 발전 목적

건설 경위

2002. 7월 ── 민간투자사업제안서 제출
2004. 12월 ── 남북축 고속도로 계획의 일환으로 청사진 수립
2007. 9월 ── 우선협상대상자 지정
2007. 10월 ── 서울북부고속도로 주식회사 설립
2009. 2월 ── 예비타당성조사 완료
2010. 1월 ── 민자사업 추진 확정
2012. 6월 ── 구리~포천 착공
2017. 6월 ── 구리~포천 개통

건설 효과

● 경제적 편익

경제적 편익	출처
주행거리/시간 3km/33분 단축 연간 물류비 2,300억원 절감	「구리-포천 고속도로 개통」 (2017년, 국토교통부)

● 사회적 효과
• 수도권 동북부 거주자의 생활권을 획기적으로 확장하였으며, 포천·철원 등 접경 지역의 산업 경쟁력 강화

● 상징적 효과
• 민간 자본을 활용해 국가 핵심 간선망의 시발점을 구축한 성공적 사례

개통기념 걷기대회(2017년)

별내교(국토교통부)

남구리분기점(국토교통부)

의정부휴게소(국토교통부)

별내교(국토교통부)

갈매동구릉톨게이트(매일경제)

노선도

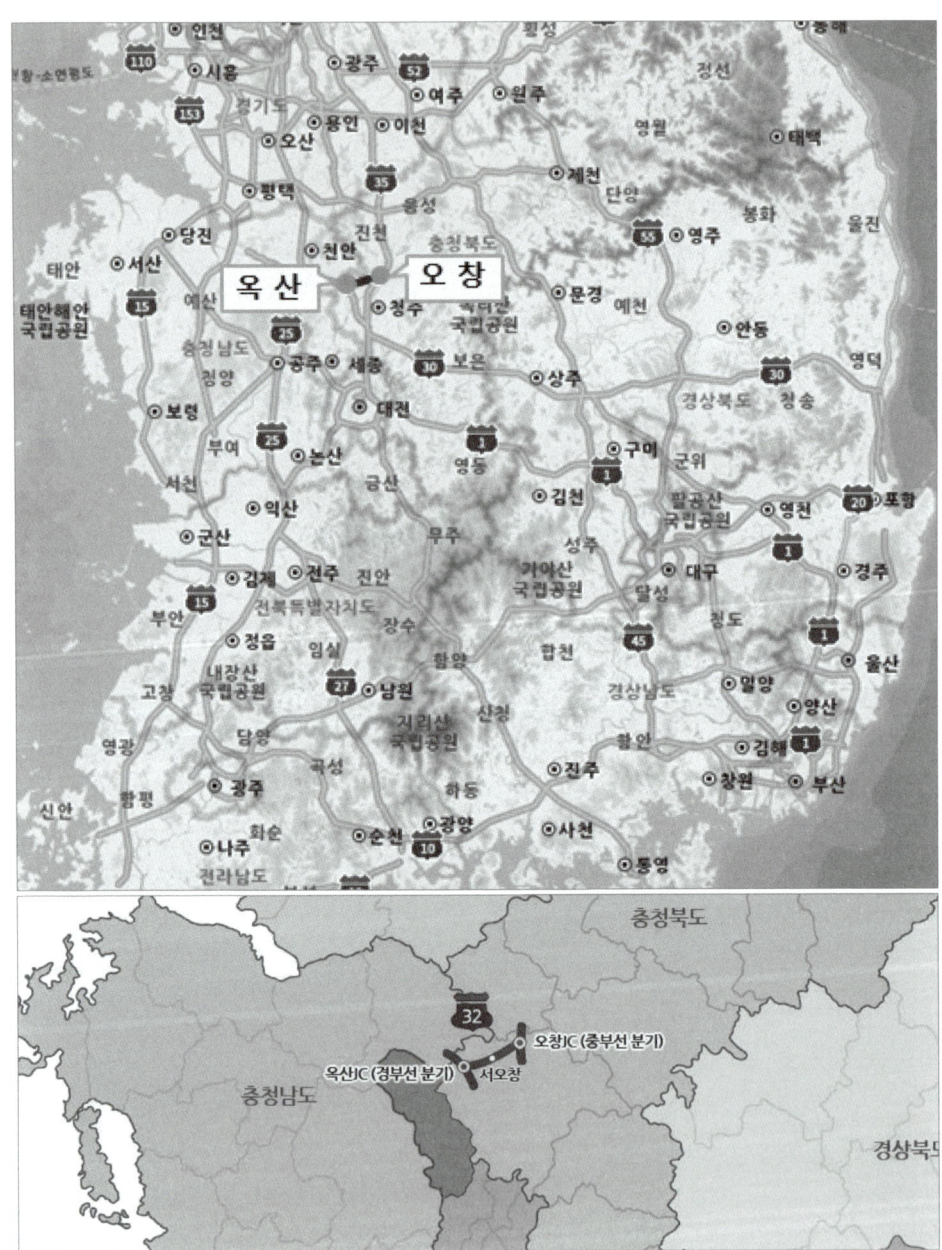

노선 개요

노선번호	제32호	국가간선도로망	동서 5축
연장(km)	12.1km	차로	왕복 4차로
최초 개통	2018.01.14.	건설비	3,778억 원
구간	옥산JCT(충청북도 청주시) ~ 오창JCT(충청북도 청주시)		

건설 배경

경부고속도로와 중부고속도로 사이를 가로지르는 지름길을 구축하여 이동 편의성을 높이고,
오창산업단지 등 충북 내륙 주요 산단 간의 물류 네트를 완성하여 지역 산업 경쟁력 제고

건설 경위

2004. 11월 ── 민간사업제안서 제출
2009. 6월 ── 사업 시행자 옥산오창고속도로(주) 설립
2013. 10월 ── 민간투자 실시계획 승인
2014. 1월 ── 옥산~오창 착공
2018. 1월 ── 전 구간 준공 및 개통

건설 효과

●) 경제적 편익

경제적 편익	출처
천안아산역–청주공항 54분→40분 천안–오창산업단지 45분→31분 연간 물류비 297억원 절감	「청주공항 가는 길 빨라진다, 옥산~오창 고속도로 14일 개통」 (2018년, 국토교통부)

●) 사회적 효과
• 천안~청주 이동 시간을 최대 1시간 단축하여, 충청 내륙 주민 삶의 질 향상

●) 상징적 효과
• '충북의 새로운 경제 동맥'이자 영남과 호남을 잇는 경부선·중부선을 가로지르는 화합의 가교

서오창분기점(국토교통부)

본선(국토교통부)

오창분기점(국토교통부)

옥산분기점(국토교통부)

본선(국토교통부)

서오창톨게이트(청주시)

주요 연설문

PART III

주요 연설문

1. 취임사 국민감동 혁신으로 모빌리티 시대를 열어갑시다 (23.2.16)

존경하는 도공가족 여러분, 반갑습니다. 한국도로공사 사장 함진규입니다.

저는 오늘, 국민 행복의 큰길을 만들어 가는 도공가족의 일원으로 큰 책임감을 느끼며 이 자리에 섰습니다. 공사 창립 54주년을 맞는 시점에서 사장으로 취임하게 된 것을 매우 뜻깊게 생각하며, 직원 여러분께 축하의 말씀을 드립니다.

아울러 지난 50여 년 동안 우리 공사의 발전을 위해 헌신한 선배 임직원과 8천5백여 공사 가족 여러분의 헌신적인 노력의 결과로, 우리 공사는 명실상부한 대한민국 최고의 공기업으로서 자리매김하고 있다고 자부합니다.

여러분께서는 거미줄 같은 고속도로망 구축을 통해 국토 균형 발전과 국가성장을 뒷받침해 왔습니다. 그리고 시대를 앞서간 도전정신은 4차 산업혁명 시대를 맞아 혁신의 원동력이 되고 있습니다.

지난 5개월여 간의 사장 공석으로 업무추진이 힘든 상황에서도 최선을 다해준 임직원 여러분과 이지웅 위원장님을 비롯한 노조 집행부 여러분께 마음 깊이 감사와 경의를 표합니다. 도공가족 여러분!

하지만 오늘의 성과가 희망찬 내일을 보장해 주지 않습니다. 디지털 대전환기를 맞아 모든 것이 빠르게 변화하고 있고 대내외적인 환경 또한 낙관적이지 않기 때문입니다. 그러나 언제나 미래는 도전하는 사람의 몫이었습니다. 저는 능동적인 혁신이야말로 불확실한 미래를 밝혀줄 희망의 등불이 되리라 확신합니다. 우리의 목표는 분명합니다. 국민 안전과 편익 증진, 그리고 지속 가능한 백년도공의 완성입니다. 앞으로 저는 그 목표를 향해 제가 가진 열정을 다 바칠 각오입니다.

성과 중심의 경영 효율화를 통해 부채를 안정적으로 관리하고 어떠한 상황에서도 흔들리지 않는 조직을 만들겠습니다. 국민 요구 수준보다 빠르게 대국민 서비스를 지속적으로 향상시켜 더욱 신뢰받는 세계 최고 수준의 도로교통 서비스 기업을 만들겠습니다.

이를 위해 우리 모두가 공감하고 중점적으로 추진해 나가야 할 방향에 대해 말씀드리고자 합니다.

첫째, 최우선 가치는 국민안전입니다. 고속도로는 언제나 안전하다는 믿음을 국민에게 주어야 합니다. 따라서 졸음, 화물차, 2차사고 등 주요 사고 유형에 대한 원인진단과 함께 보다 실효성 있는 대책을 세워 나가야 합니다. 기본에서 다시 시작한다는 각오로 터널 등 사고에 취약한 도로시설물을 선제적으로 개선해 나갑시다. 특히 재난사고와 산업재해는 예방이 무엇보다 중요한 만큼 선진화된 안전관리 체계가 필요합니다. 따라서 첨단기술을 활용한 스마트 시공과 관리를 통해 현장의 안전성을 높여 나가야 할 것입니다.

둘째, 혁신을 통해 신성장 동력을 창출해야 합니다. 지금 우리는 모빌리티 혁명의 시대에 살고 있습니다. 따라서 고속도로 서비스의 지향점도 공급자 중심에서 수요자 중심으로 패러다임을 전환해야 합니다. 먼저, 모빌리티 혁신 고속도로 구축으로 자율협력주행차 상용화의 기반을 마련하겠습니다.

이를 통해 드론과 AI, 빅데이터 등 4차 산업혁명 기술의 현장 적용성을 높여 나가겠습니다. 아울러 경부·경인 지하 고속도로 건설과 복합환승센터 구축 등 국가 전략사업을 주도적으로 견인하여 우리의 신성장 동력이 될 수 있도록 하겠습니다. 해외시장 개척도 멈추지 않겠습니다. 풍부한 경험과 기술을 바탕으로 세계시장에서의 경쟁력을 확보하고, 민관협력을 더욱 강화하여 성과를 창출해 나갈 수 있도록 하겠습니다.

셋째, 국민편익 증진과 상생·협력에 노력합시다. 우리의 섬김의 대상은 국민입니다. 따라서 무엇보다 국민편익이 우선돼야 합니다. 고속도로 휴게소 서비스를 개선해서 국민의 만족도를 높여나가고, 친환경차 보급 확대를 위한 충전소 등 인프라 확충에 힘쓰겠습니다. 교통 데이터 개방과 통합기술마켓 등을 통해 중소기업을 지원하고 좋은 일자리도 창출하겠습니다. 아울러 채용의 공정성을 보장하고 협력적 노사관계로 상생문화를 구현하겠습니다.

마지막으로 청렴한 공직문화 구현입니다. 국민은 반칙과 특권을 용납하지 않습니다. 내가 먼저 청렴해야 하고 섬김의 대상에게는 겸손해야 합니다. 업무와 인사는 공정하고 투명하게, 부정부패에 대해서는 엄정해야 합니다. 저부터 솔선해 조직 쇄신에 앞장서겠습니다.

존경하는 도공가족 여러분! 도공인은 외환위기와 금융위기 속에서도 변화와 발전을 이끌어온 주역입니다. 그렇기에 지금의 위기 또한 새로운 기회로 탈바꿈할 수 있을 것이라 확신합니다. 이런 자부심과 각오로 허리띠를 더욱 졸라매고 임직원 여러분의 단결된 뜨거운 열정으로 안정과 혁신을 함께 이뤄냅시다.

창립 54주년을 변화와 혁신의 전환점으로 삼아 희망의 싹을 틔울 수 있도록 합시다. 저 역시 도전을 회피하지 않고 여러분의 든든한 버팀목이 되겠습니다. 많은 지지와 헌신을 당부 드리며 저와 함께 힘차게 나아갑시다.

감사합니다.

2. [교통] 전국 MaaS 시범사업 추진을 위한 업무 협약식 (23.4.7)

국토교통부 대도시권광역교통위원회 이성해 위원장님, 그리고 카카오모빌리티 이동규 부사장님과 슈퍼무브 조용성 대표님, 만나 뵙게 돼서 반갑습니다.

함께 하고 계신 EX-스마트센터는 40년 넘게 우리 공사의 터전이었던 곳으로, 지금은 도로 혁신의 허브 역할을 담당하고 있습니다. 이런 의미 있는 곳에서 전국 MaaS 시범사업의 성공적 추진을 위한 업무협약을 맺게 되어 매우 뜻깊게 생각합니다.

우리 공사는 디지털 대전환의 시대를 맞아 4차 산업의 신기술을 실용화하고 다양한 도로교통 정보를 민간과 공유함으로써 모빌리티 산업의 성장을 견인해 오고 있습니다.

전국 MaaS의 성공적 구축을 위해서는 교통사업자와 플랫폼 사업자 간의 다양한 이해관계를 풀어내야하기 때문에 정부와 공공, 민간의 유기적인 협업과 소통의 필요성을 절감하고 있습니다.

그런 점에서 오늘 함께하는 이 자리의 의미가 큰 것 같습니다. 저는 정부의 든든한 지원과 민간의 플랫폼 서비스에 대한 기술과 경험, 우리 공사의 인프라와 정보자산이 합쳐진다면 성공적인 전국 MaaS 구축이 가능하리라 확신합니다.

앞으로 많은 조언과 격려 부탁드립니다. 우리 공사 또한 공공부문 MaaS 사업자로서 안전하고 스마트한 모빌리티 생태계 조성에 주어진 책임을 다하겠습니다.

감사합니다.

3. 해외사업 카자흐스탄 알마티 순환도로 개통식 (23.6.16)

안녕하십니까. 한국도로공사 사장 함진규입니다.

먼저 카자흐스탄과 한국 양국의 경제협력의 결실이자 새로운 미래를 여는 알마티 순환도로 개통을 축하드리며, 뜻깊은 개통식 현장에 대한민국 국민을 대표해 참여하게 되어 참으로 영광스럽게 생각합니다.

존경하는 카라바예프 산업개발인프라부 장관님, 박내천 주알마티 대한민국 총영사님, 카자흐스탄 정부기관 관계자 및 BAKAD 직원 여러분, 투자자 및 SK 에코플랜트, Alarko, Makyol 관계자 여러분, 그리고 지역주민 여러분! 지난 2년 10개월간 성공적인 도로 건설을 위해 많은 도움을 주시고 특별한 애정으로 성원해 주신 데 대해 감사드립니다.

특히 코로나19 팬데믹이라는 어려운 환경 속에서 대역사를 성공적으로 완수해 주신 양국 기업들과 근로자 한분 한분의 노고에 진심 어린 찬사를 보냅니다.

여러분도 잘 아시다시피 카자흐스탄은 북쪽으로는 러시아, 동쪽으로는 중국과 몽골, 서남쪽으로는 독립국가연합과 마주한 유라시아 교통물류의 심장과 같은 국가입니다. 그리고 알마티는 카자흐스탄의 이전 수도이자 경제, 문화의 중심지로서 젊고 역동적이며 매력적인 도시입니다.

그러나 알마티는 국가를 대표하는 도시임에도 불구하고 그동안 고속도로나 우회도로가 없어 많은 불편을 겪어왔습니다.

이제 알마티에 첫 고속도로가 생김으로써 큰 혁신과 변화가 예상됩니다. 이 고속도로는 번영의 시대를 열어가는 경제의 대동맥으로서 인적·물적 교류 증대에 큰 기여를 할 것입니다. 또한 도심 통과 차량들이 외곽으로 분산됨으로써 교통흐름이 훨씬 여유로워지고 지역민의 생활권도 확대될 것으로 기대됩니다.

무엇보다 이 도로는 카자흐스탄과 한국도로공사 양측 모두에게 큰 의미를 지니고 있습니다. 그 이유는 카자흐스탄에게는 독립국가엽합 최초의 민관협력 사업이고, 우리 공사에게는 첫 해외도로 운영·유지관리 사업이기 때문입니다.

따라서 알마티 순화도로는 양국의 관계를 더욱 굳건하게 만들어 나가는 든든한 약속의 상징이 되리라 믿습니다.

앞으로도 우리 공사는 최고의 동반자가 될 것을 약속드립니다. 아울러 대한민국의 약 4,200km 고속도로를 유지·관리하는 노하우를 바탕으로 현지에서도 안전하고 편리한 최상의 서비스를 제공하는데 힘쓰겠습니다.

다시 한 번 알마티 순환도로의 개통을 축하드리며 이 도로가 새로운 성장발전의 축으로 자리 잡기를 기원합니다.

감사합니다.

4. 교통 미래항공 모빌리티 기반 조성을 위한 업무협약 (23.7.11)

여러분, 반갑습니다.

경북도는 과거, 우리나라 민주화와 산업화의 산파 역할을 담당했던 곳입니다. 그리고 오늘날에는 대구경북 통합신공항 건설을 통한 글로벌 공항 경제권의 한 축으로서 미래 국가 경제 성장을 이끌어갈 중요거점입니다.

이런 뜻깊은 곳에서 존경하는 이철우 도지사님과 미래 항공 모빌리티 기반 조성을 위한 협약을 맺게 되어 매우 기쁘게 생각합니다.

지금 우리는 모빌리티 혁신이 이끄는 초연결 시대를 맞이하고 있습니다. 특히 도심항공교통(UAM)은 국가와 국가, 도시와 도시를 연결하던 항공의 영역을 도심 속 일상의 영역으로 확장시키며 교통 서비스의 패러다임을 바꿔놓고 있습니다.

이에 우리 공사는 도심항공을 비롯한 타 교통수단과 연계된 복합환승센터를 구축하고 4차 첨단기술을 적극 도입함으로써 미래 고속도로 환경 조성에 힘을 쏟고 있습니다.

저는 오늘 협약이 우리 공사는 물론 새로운 하늘길로 더 큰 비상을 꿈꾸는 경북도에게 도심항공 분야를 선도해 나갈 기회가 될 것이라 믿습니다. 이번 협약을 통해 양 기관은 도심항공을 활용한 공공서비스 모델 개발과 미래 항공 모빌리티 생태계 기반 구축, 노선 발굴 등을 추진하게 됩니다.

저와 우리 공사는 오늘의 약속이 결실을 맺고 확산될 수 있도록 더 긴밀하게 소통하고 협력해 나가겠습니다.

도지사님과 관계자 여러분의 적극적인 지원과 조언 부탁드립니다.

감사합니다.

5. 유지관리 마성터널 재난대응 안전한국훈련(23. 9. 5)

모두 수고 많으셨습니다.

먼저, 이번 마성터널 재난대응 안전한국 훈련에 함께 해주신 정부부처, 용인시, 소방, 군·경, 의료, 민간단체 관계자 여러분께 진심으로 감사드립니다.

국토교통부 김형철 도로시설안전과장님, 중앙평가단 박성면, 김윤정 평가위원님, 훈련에 깊은 관심을 가져주셔서 감사합니다.

지금 지구촌은 기후변화로 인한 천재지변이 극단적으로 나타나고 있습니다. 우리도 얼마 전 기록적인 폭우로 인해 많은 인명피해와 재산상의 손실을 입은바 있습니다. 전문가들은 현대사회가 고도성장을 통해 풍요로워졌지만 그 부작용으로 인적재난과 새로운 유형의 재난이 증가할 것이라고 경고하고 있습니다.

오늘날 재난은 예고 없이 찾아오고 있습니다. 고속도로도 예외가 아니어서 비단 자연재해뿐만 아니라 인적재난에 항상 노출되어 있습니다. 특히 대피장소가 제한적인 터널 화재사고의 경우 대규모 인명피해로 이어질 가능성이 높다는 점에서 오늘 훈련은 큰 의미를 갖습니다.

재난대응의 핵심은 사전 예방과 신속한 초기대응, 유관기관과의 협업을 통한 골든타임 확보입니다. 따라서 재난 피해를 최소화하기 위해서는 매뉴얼에 따라 각자의 역할과 임무를 숙지하고 훈련을 통해 이를 몸에 익히는 것이 중요합니다. 이번 훈련은 이 같은 실전경험을 쌓을 수 있는 좋은 기회로서 모두 진지한 자세로 참여해 주어 재난대응능력 향상에 많은 도움이 되었을 것이라 생각합니다.

하지만 안전은 아무리 강조해도 지나침이 없듯이 아직 부족한 점이 많다고 여깁니다. 무엇보다 지하고속도로, 완전자율주행, 전기차 급증 등 달라지는 미래교통 환경에 대비한 선제적인 방재대책 마련과 훈련이 필요합니다.

빈번해진 자연 재난에 대비해 장대교량, 대절토 사면 등 위험지역의 위기대
응 대책도 필요할 것입니다.

앞으로 공사는 대형화되고 복합·다양해진 재난환경에 맞춰 부족한 점을
보완하고 발전시켜 나가겠습니다. 재난에 강하고 국민이 안전한 사회가 실현
되는 그날까지 힘을 모아주시길 바라며 거듭 여러분의 노고에 감사드립니다.

고생하셨습니다.

6. 교통 교통안전 땡큐! 얼라이언스 출범식 (23.9.13)

안녕하십니까. 한국도로공사 사장 함진규입니다.

뜨거운 여름을 지나 계절의 시계추가 가을을 가리키고 민족의 대이동의 시작되는 추석연휴가 다가옵니다.

가족 나들이나 여행이 많아지는 이때, 여러 기관과 단체가 모여 선진 교통문화 정착을 위한 '교통안전 땡큐! 얼라이언스' 연합체 출범식을 갖게 된 것을 매우 뜻깊게 생각합니다.

바쁘신 중에서 함께 해주신 권용복 한국교통안전공단 이사장님, 이주민 도로교통공단 이사장님, 최광식 전국화물자동차운송사업연합회 회장 및 화물복지재단 이사장님, 오성문 전국전세버스운송사업조합연합회 회장님, 김종화 전국모범운전자연합회 회장님, 강기자 새마을교통봉사대 대장님, 그리고 내외 귀빈 여러분께 깊이 감사드립니다.

아시다시피 우리나라는 세계적인 자동차산업국으로 성장하며 도로분야에서도 큰 발전을 이루었습니다.

교통안전도 좋아졌습니다. 실제로 1990년대만 해도 연간 1만 명을 넘었던 교통사고 사망자 수가 2021년 2천 명대로 감소하는 등 꾸준히 개선되고 있습니다.

매년 200명을 웃돌던 고속도로 사망자 수도 지난해에는 역대 최저인 156명으로 크게 줄었습니다. 이는 이 자리에 계신 교통가족 여러분이 함께 노력한 결과라고 생각합니다. 하지만 교통안전 국가라기에는 아직 갈 길이 멉니다. OECD 회원국가 중 우리의 교통안전 수준은 여전히 중하위권에 머무르고 있기 때문입니다.

교통사고의 가장 큰 원인은 사람입니다. 대부분의 인명피해가 과속, 졸음·음주운전, 신호위반, 안전띠 미착용 등 우리의 무관심이나 부주의에서 시작되기 때문입니다.

보복·난폭운전도 서로를 배려하고 양보하는 마음이 부족한 결과입니다. 따라서 안전시설과 단속을 강화하는 것도 중요하지만 무엇보다 교통안전에 대한 우리의 문화수준이 더욱 성숙해져야 할 것입니다.

오늘 교통안전 연합체의 출범은 우리의 안전 의식을 되돌아보고 선진 교통문화를 확고히 뿌리내릴 수 있는 소중한 단초가 될 것입니다.

앞으로 우리는 교통안전과 관련한 데이터 공유와 교육, 홍보·캠페인, 법·제도 개선 등 다양한 분야에서 협력하게 됩니다. 이 같은 노력이 한시적이거나 일회성 구호에 그치지 않기 위해서는 여러분의 적극적인 참여가 필요합니다.

아울러 교통안전 의식을 한층 높일 수 있는 새로운 실천방안의 도출도 기대합니다. 우리 공사도 협의체 활성화와 국민의 생명을 지키는 일에 모든 노력을 다하겠다는 말씀을 드립니다.

다시 한번 참석해 주신 모든 분께 감사드리며 늘 건강과 행복이 가득하시기를 기원합니다.

감사합니다.

7. 탄소중립 및 ESG경영 협약식 (23.9.19)

반갑습니다. 한국도로공사 사장 함진규입니다.

먼저, 오늘 탄소중립과 ESG 경영 실천을 위한 업무협약식에 함께 해주신 남성현 산림청장님과 관계자 여러분께 깊은 감사의 말씀을 드립니다.

지금 우리는 지구온난화로 인한 기후 위기를 겪으며 자연과의 공존이 얼마나 중요한지 절실하게 깨닫고 있습니다. 이런 가운데 산림은 이상기후의 주범인 이산화탄소를 흡수하고 저장하는 탄소 흡수원으로서, 이를 잘 조성하고 관리하는 일은 탄소중립으로 가는 지름길이라 하겠습니다.

그동안 두 기관은 저탄소 녹색 고속도로 구현과 지속 가능하고 풍요로운 산림 조성을 위해 성공적인 협력관계를 유지해 왔습니다. 저는 이번 협약이 이 같은 파트너십을 더욱 공고하게 하고 전략적 탄소중립 실천을 위한 주요 성과를 내는 중요한 발판이 되리라 기대합니다.

앞으로도 우리 공사는 협력 과제를 차질 없이 이행하고 고속도로 생태계를 복원·보전하는데 최선을 다하겠습니다. 청장님의 많은 관심과 지원 부탁드립니다.

감사합니다.

8. 경부선 토목문화유산 선정 기념행사 (23.12.1)

반갑습니다. 한국도로공사 사장 함진규입니다.

먼저 경부고속도로의 대한민국 토목문화유산 선정을 매우 뜻깊고 영광스럽게 생각합니다.

그동안 대상 선정에서부터 오늘 기념비 제막에 이르기까지 여러모로 애써주신 대한토목학회 허준행 학회장님과 정충기 차기 학회장님, 관계자 여러분께 깊이 감사드립니다.

53년 전, 경부고속도로의 탄생은 기적 같은 일이었습니다. 기술과 자본 모든 것이 부족했기에 건설에 부정적인 여론이 많았습니다. 그러나 미래를 내다보며 시작한 경부고속도로는 오늘날 대한민국 경제성장의 상징이 되었습니다.

경부고속도로는 역사적 의미가 깊은 토목공학의 산물이기도 합니다. 우리 토목인은 기술력의 한계를 창의적인 사고와 불굴의 도전정신으로 극복하고, 당시 동양 최대 길이의 고속도로를 순수 국내 기술로 29개월 만에 완성한 신화를 이뤄냈기 때문입니다. 그동안 양적, 질적으로 성장한 고속도로는 금년 말이 되면 5,000㎞ 시대를 열게 됩니다.

앞으로 우리 공사는 경부고속도로의 성공을 교훈 삼아 완전자율주행과 도심항공교통 등이 연계된 모빌리티 혁신 고속도로를 만드는 데 더욱 매진하겠습니다.

이 과정에서 토목학회의 다양한 의견에 귀 기울이며 함께 성장해 나갈 수 있도록 노력하겠습니다. 여러분의 많은 관심과 협조를 부탁드립니다.

감사합니다.

9. 길벗 열린도서관 지역주민 개방 기념사 (23.12.22)

안녕하십니까. 한국도로공사 사장 함진규입니다.

먼저, 많은 분을 모시고 '길벗 열린도서관' 개방 행사를 열게 되어 매우 기쁘게 생각합니다.

존경하는 송언석 국회의원님과 이명기 김천시의회 의장님, 홍성구 김천시 부시장님, 그리고 함께 해주신 모든 분께 감사드립니다. 그동안 애써주신 이지웅 위원장님을 비롯한 노동조합 집행부와 직원 여러분께도 감사의 말씀을 드립니다.

아시다시피, 공공기관의 주인은 국민입니다. 그러나 많은 노력에도 불구하고 여전히 국민은 공공의 벽이 높다고 느낍니다. 저는 공공기관의 다양한 편의시설 개방과 공유가 이 같은 벽을 없애는 시작이라고 생각합니다.

공공기관 담장 허물기는 공공기관이 지역사회의 일원으로서 지역경제 발전과 주민복지 증진에 기여하는 중요한 매개체가 된다는 점에서 큰 의미를 갖습니다.

공공기관은 사회적 책무를 다할 때 가장 빛납니다. 우리 공사는 앞서 실내 수영장을 개방한 데 이어 오늘 도서관을 국민께 돌려드리는 기쁘고 뜻깊은 행사를 열게 되었습니다.

본 도서관이 열린 학습·열린 문화공간으로서 우리 직원과 지역주민 모두의 지적 호기심을 충족하고, 궁극적으로는 서로 간의 상생발전을 뒷받침하는 좋은 성장모델이 되기를 기대합니다.

아울러 이번 행사를 계기로 책 나눔, 책 읽기 문화가 확산되어 우리 사회가 더욱 따뜻하고 풍요로워지기를 희망합니다.

여러분의 적극적인 동참을 바라며 앞으로 국민과 소통하며 미래를 그려나가는 공사의 행보에도 많은 관심 부탁드립니다.

다시 한번 함께 해주신 모든 분께 감사드리며, 새해 여러분의 건강과 행복을 기원합니다.

감사합니다

10. 신년사 김천 이전 10주년, 혁신과 청렴의 주체가 됩시다! (24.1.2)

사랑하는 도공가족 여러분!

용맹과 지혜를 상징하는 푸른 용의 해, 갑진년(甲辰年) 새해입니다. 예로부터 청룡은 긍정적인 변화와 발전을 가져다주는 복되고 길한 동물로 여겨왔습니다. 상서로운 청룡의 해를 맞아 여러분 가정에 건강과 행복이 깃드시길 기원합니다.

2024년은 우리 공사가 김천 혁신도시로 이전한 지 10주년이 되는 뜻깊은 해입니다. 그동안 백년도공을 위해 헌신해 온 임직원 여러분이 계셨기에 공사는 김천에 안정적으로 정착할 수 있었고, 고속도로 건설, 유지관리에 매진할 수 있었습니다.

참으로 자랑스럽고, 감사합니다. 협력적 노사관계로 성장의 버팀목이 되어준 이지웅 위원장님과 노조 간부들께도 감사드립니다.

도공가족 여러분! 지난해 우리는 4차 산업혁명의 큰 흐름 속에서 고속도로의 디지털화라는 시대적 사명을 완수하기 위해 열심히 뛰었습니다. 그 결과 우리는 많은 성과를 거뒀습니다. 하지만 성과에 안주하기에는 우리 앞에 놓인 현실이 녹록하지 않습니다. 우리를 둘러싼 대내외 경제 여건이 여전히 높은 불확실성 속에 놓여 있기 때문입니다. 하지만 우리가 국민의 손을 잡고 최선을 다한다면, 위기는 기회가 되고, 땀 흘려 뿌려 놓은 희망의 씨앗들은 꽃을 피울 것이라 확신합니다.

"미래교통 플랫폼 기업"이란 우리의 목표를 향해 쉼 없이 달려갑시다. 많은 어려움이 있겠지만 분명히 가야 할 길입니다.

저는 올 한해, 우리 공사의 지속가능성을 화두에 두고 혁신의 성과를 확대하고 구체화하는데 모든 노력을 다하겠습니다.

첫째, 안전한 고속도로를 실현하겠습니다. 안전은 공사의 핵심 가치입니다. 특히, 사고우려가 높은 작업 현장의 경우 안전은 필수조건이라 할 것입니다. 더욱이 올해는 중대재해처벌법 강화가 예고되어 있어 더욱 꼼꼼한 안전관리의 필요성이 절실해졌습니다. 따라서 법 확대 여부와 상관없이 우리 공사 대부분의 현장이 법 적용을 받는 만큼, 선제적이고 실효성 있는 대책을 마련하겠습니다. 노후 시설물에 대한 보수도 속도를 내겠습니다. 우선, 교량 내 철근 부식 여부를 점검하고 친환경 제설제 개발 등의 근본 대책도 수립하겠습니다. 터널, 비탈면 등을 상시 점검하고 포트홀, 상습 물고임, 도로 살얼음 취약 구간도 개선해 국민 안전을 확보하겠습니다. 국민의 안전의식 제고와 안전 시스템 개선을 통해 교통사고도 획기적으로 줄이겠습니다.

둘째, 혁신의 힘으로 미래 경쟁력을 확보하겠습니다. 혁신은 국민에게 수준 높은 서비스를 제공하고 세계와 경쟁하기 위한 전제 조건입니다. 따라서 드론 등 첨단장비 활용을 확대하고, UAM 등 미래 교통수단의 도로 적용을 착실하게 준비해 나가야 할 것입니다. 무엇보다 K-MaaS는 우리 공사의 핵심사업인 만큼 정부와 민간기업, 디지털본부와 신기술 부서 간의 협업체계를 더욱 공고히 하겠습니다. 이를 기반으로 해외사업 수주에도 매진하겠습니다. 특히 우크라이나는 전후 인프라 재건 등 건설 수요가 큰 만큼, 구체적인 로드맵을 수립해야 할 것입니다. 지하 고속도로와 관련해서는 정부, 국회와의 긴밀한 소통을 통해 예산을 확보하고, 안전에 대한 국민의 우려도 적극 해소해 나가겠습니다. 도공기술마켓은 국가 경제의 근간인 중소기업을 지원하는 중요한 사업입니다. 이에 혁신기업의 지원을 더욱 강화하고, 성공 사례도 적극적으로 홍보해 참여도를 높이겠습니다.

마지막으로, 국민과 소통하는 청렴한 도공을 구현하겠습니다. 우선, 휴게소 서비스 혁신에 매진하겠습니다. 이를 위해 고객 욕구에 맞는 다양한 먹거리 및 명품 도입을 확대하고 기본 간식류의 가격 합리화 등을 통해 국민 만족도를 높이고 물가 안정화에 기여하겠습니다. 올해는 통행료 인하 목소리와 함께 고속도로 노후화에 따른 유지보수 수요 또한 증가할 것으로 예상됩니다. 이에 고속도로의 어려운 현실을 지속적으로 홍보하고, 통행료 현실화, 부채 안정화 대책도 마련하겠습니다. 윤리경영 강화로 청렴도 향상에 노력하겠습니다. 이를 위해 내부 통제시스템, 청렴 윤리경영 자율 준수 제도 등을 통해 투명하고 공정한 조직문화를 정착시키고 임직원들의 솔선수범을 견인하겠습니다.

사랑하는 도공가족 여러분! 초심의 각오로 2024년을 도약의 해로 만들어 갑시다. 국가와 지역사회의 책임 있는 공기업으로서 고속도로 5,000㎞ 시대를 성공적으로 맞이하고 상생과 공존의 문화를 확산시켜 나갑시다.

여러분과 소통하며 열심히 뛰겠습니다. 겨울철 재난 예방 활동에 건강 조심하시고, 새해 복 많이 받으십시오.

감사합니다.

11. 건설 고속도로 5,000km 시대 개막행사 (24.2.6)

친애하는 포천, 남양주 지역주민 여러분과 내외 귀빈 여러분, 반갑습니다. 한국도로공사 사장 함진규입니다.

지역의 오랜 숙원사업이었던 포천-조안 고속도로가 드디어 오늘 개통식을 갖게 되었습니다. 이날이 특별한 이유는 이 도로가 개통됨으로써 대한민국은 1968년 경인선 건설 이후 55년 만에 고속도로 5천㎞ 시대를 맞이하게 되었다는 점입니다.

역사적인 날, 귀한 분들이 함께 해주셨습니다. 존경하는 백원국 국토교통부 제2차관님, 오후석 경기도 행정부시장님, 백영현 포천시장님, 주광덕 남양주시장님, 이용욱 서울지방국토관리청장님, 그리고 도기훈 포천화도 민자법인 대표님을 비롯한 여러 유관기관 대표님!

어려운 고비 때마다 도움을 주시고 자리까지 빛내 주셔서 감사드립니다. 오늘이 있기까지 물심양면으로 도와주신 주민 여러분과 열과 성을 다해 땀 흘려주신 공사 관계자분들께도 진심으로 감사의 말씀을 드립니다.

총길이 33.6㎞의 포천-조안 고속도로는 장차 완성될 수도권 제2순환선의 일부로서 지역 균형 발전에 크게 이바지할 것으로 기대됩니다.

실제 이번 개통으로 포천에서 조안까지의 주행 거리는 16.4㎞, 주행 시간은 35분 단축되어 경기 동북부권 주민들은 더욱 안전하고 편리하게 서로 오갈 수 있게 되었습니다.

생활권 확대로 인한 경제 활성화도 기대됩니다. 특히 중부내륙선, 서울-양양선과의 연결을 통해 연간 2천800억 원이 넘는 물류비용이 절감되는 등 산업 경쟁력을 한층 더 높여줄 것입니다.

빨라진 속도만큼 삶의 여유가 늘어나고 관광과 레저산업도 활기를 띠게 될 것입니다. 향후 파주-양주, 김포-파주 구간이 개통되면 경기 북부권을 아우르는 거대 광역경제권이 완성되어 지역발전의 소중한 밑거름이 되리라 확신합니다.

　고속도로는 국가경쟁력의 상징이자 우리가 만들어 갈 번영의 기반입니다. 그동안 우리 공사는 국토의 대동맥을 책임지는 주역으로서 큰 자부심을 갖고 길의 역사를 창조해 왔습니다.

　고속도로 5천㎞ 시대를 맞이한 2024년 2월 6일 오늘, 초심에서 다시 시작하겠습니다. 국민이 안심하고 고속도로를 이용할 수 있도록 안전관리와 서비스 향상에 최선을 다하겠습니다. 모빌리티 혁신이 이끄는 초연결 시대를 맞아 고속도로 디지털화에 더욱 박차를 가하겠습니다.

　아낌없는 성원과 관심 부탁드리며, 다시 한번 그동안 고생해 주신 모든 분께 감사의 말씀을 드립니다.

　오늘 자리를 함께 해주신 여러분 모두의 건강과 행운을 기원합니다.

　감사합니다.

12. 공공협업형 신재생 에너지 사업 협약식 (24.4.9)

반갑습니다.

먼저, 희망이 싹트는 새봄을 맞아 이곳 전남도청에서 공공협업형 신재생 에너지 사업의 첫걸음을 내딛게 되어 매우 기쁘게 생각합니다.

존경하는 김영록 전남도지사님, 그리고 장충모 전남개발공사 사장님과 관계자 여러분, 따뜻하게 맞이해 주셔서 감사합니다.

아시다시피 기후 위기가 일상화되면서 탄소중립 사회로의 전환은 국경을 넘어선 우리 시대의 핵심 어젠다가 되었습니다.

실제 파리협정 이후 국가별 다양한 환경 전략이 발표되었고 ESG, 순환 경제와 같은 환경가치가 나날이 높아지고 있습니다. 우리나라 또한 탄소중립·녹색성장 기본법에 따라 온실가스 감축을 위한 기반 시설 확대와 신재생 에너지 개발로 적극 대응하고 있습니다. 공사는 이러한 시대적 흐름에 따라 친환경차 보급에 따른 인프라 구축 등 탄소중립 실현에 앞장서고 있습니다.

고속도로 유휴부지를 활용한 신재생에너지 발전 사업도 그 일환입니다. 현재 이 설비는 전국 273곳에서 운영되고 있으며 발전 수익금은 취약계층 지원에 사용되는 등 지역 상생 발전에 이바지하고 있습니다. 앞으로 공사는 2030년을 목표로 고속도로 운영에 필요한 전력 전량을 친환경 에너지로 생산할 계획입니다. 이 과정에서 지자체와의 긴밀한 협력은 필수입니다.

오늘 이 자리가 마련된 것은 전남도의 확고한 친환경 에너지 정책이 있었기에 가능했다고 생각합니다. 공사는 본 사업이 지자체, 지역민, 공공 모두에게 득이 되는 공공협업형 사업모델이 될 수 있도록 노력하겠습니다. 이번 협약을 계기로 탄소중립이라는 큰 물결이 힘차게 퍼져나가기를 기대하며, 여기 계신 분들의 많은 관심과 도움 부탁드립니다.

감사합니다.

13. 김천 스마트 물류센터 개소식 (24.4.24)

안녕하십니까. 한국도로공사 사장 함진규입니다.

정부의 국정과제이자 지역의 미래 신성장동력이 될 김천 스마트 물류센터가 오늘 첫발을 내딛습니다. 정부와 공공기관, 지방자치단체가 스마트 물류산업의 미래를 위해 손을 맞잡은 결실이기에 그 의미가 매우 크다고 생각합니다.

그동안 물심양면 힘써주신 진현환 국토교통부 제1차관님과 이철우 경북도지사님, 김충섭 김천시장님, 이명기 김천시의회 의장님을 비롯한 여러 의원님, 그리고 앞으로 센터를 꾸려갈 관계자와 시공사 여러분께 진심으로 감사드립니다.

자리를 함께 해주신 안용우 김천상공회의소 회장님과 안영호 김천소방서장님, 하인성 경북테크노파크 원장님, 지역주민 여러분께도 각별한 감사의 말씀을 드립니다.

그동안 우리 물류산업은 모든 산업활동의 동맥 역할을 하며 국가 경제발전에 지대한 기여를 해 왔습니다. 이러한 물류산업에 AI, ICT 등 첨단기술이 융합되면서 변화와 창조의 바람이 불고 있습니다. 누구나 손쉽게 모바일로 상품을 클릭하면 물류센터 로봇이 이를 정확하게 선별·포장하고 자율주행 트럭, 드론이 주문자에게 신속히 배송하는 무인 자동화 물류 시스템이 현실화되고 있는 것입니다.

이제 물류산업은 더 이상 노동집약적 산업이 아니라 첨단 과학기술의 옷을 입은 스마트 서비스 산업으로 거듭나고 있습니다. 이에 우리 정부는 물류산업의 스마트화와 고부가가치화에 힘쓰는 한편, 지방 물류산업 활성화에 각고의 노력을 기울여 왔습니다.

공공기관 선도 혁신 도시 활성화 방안의 일환으로 이번에 건설된 이곳 물류센터도 그중 하나입니다. 특히 이곳은 국내 최초로 테스트베드와 물류센터를 함께 갖춘 복합시설로서, 향후 첨단기술의 실증화와 상용화의 중심지로 물류산업 혁신의 마중물 역할을 하게 될 것입니다 그리고 김천은 이를 통해 남부권 스마트 물류 거점도시로서 새롭게 발돋움하게 될 것으로 기대됩니다.

앞으로 우리 공사는 국내 물류 기술 발전과 차세대 물류 서비스 실현에 최선의 노력을 다하겠습니다. 이를 위해 고속도로의 물류 인프라를 확충하고 민간기업의 기술개발을 지원함으로써 물류산업의 지속 가능한 성장을 도모하겠습니다. 하지만 이를 실현하기 위해서는 여기에 모인 우리 모두의 열정과 혁신, 대·중소 물류기업 간의 상생 협업이 무엇보다 필요합니다.

우리 공사는 스마트 교통·물류를 선도하는 플랫폼 공기업으로서 민간이 혁신의 주체가 될 수 있도록 꾸준히 소통하고 협업하는 데 앞장서겠습니다. 여러분께서도 김천 스마트 물류센터가 물류산업의 새 시대를 열어갈 수 있도록 많은 관심과 지원을 부탁드립니다.

다시 한번 참석해 주신 모든 분께 감사드리며, 물류센터가 정부와 지자체, 공공, 민간 간 상생 협력의 모범 사례로 기억되길 기대합니다.

감사합니다.

14. 해외사업 건설사·설계사 CEO 초청 해외사업 협력 플랫폼 간담회 (24.7.5)

반갑습니다. 한국도로공사 사장 함진규입니다.

먼저 바쁘신 일정에도 불구하고 간담회에 참석해 주신 여러분께 감사드립니다.

오늘 이 자리는 우리나라의 도로 건설과 설계 분야를 대표하는 공공기관, 건설사, 설계사 대표님들을 모시고 해외사업의 기회를 모색하고자 마련된 소통의 장입니다.

다양한 주체들이 모인 만큼 열린 담론의 장이 되었으면 좋겠습니다. 그동안 해외 건설 사업은 우리 경제에 활력을 불어넣는 동력이자 든든한 버팀목이 되어왔습니다. 그러나 최근 글로벌 경기 침체의 영향으로 건설 경기 부진이 지속되어 걱정이 많습니다.

국내외 시장 환경이 그 어느 때보다 녹록하지 않은 상황이지만, 한편에서는 이를 경쟁력 제고의 기회로 삼아야 한다는 목소리가 나오고 있습니다.

이는 해외 시장이 우리에게 미래 신성장 동력이 될 드넓은 기회의 땅이기 때문일 것입니다.

현재 해외 건설시장은 침체에 빠져 있지만, 아시아를 비롯한 아프리카, 중남미 등 신흥 시장에서는 여전히 신규 인프라 수요가 존재하고 있으며 노후화된 시설을 개선하는 시장도 열려있습니다. 따라서 해외 수주 활성화를 위한 우리의 선제적 대응 전략이 절실한 시점입니다.

오늘날 해외 시장은 기업을 넘어 국가 간의 경쟁이 점점 치열해지고 있어 민관이 함께 뛰는 원팀 코리아로 맞서야 합니다.

이미 세계에서 입증된 우리 기업들의 기술력과 시공 능력에 공기업들의 우수한 운영관리 노하우를 더하고, 여기에 정부의 외교력 등이 결합된다면 충분히 승산이 있습니다.

실제 우리 공사는 민간과의 협력을 강화함으로써 해외 시장에서의 입지를 다져나가고 있습니다. 카자흐스탄 알마티 순환도로 투자사업과 방글라데시 파드마대교, N8번 고속도로의 운영유지관리 사업 등이 대표적 사례입니다.

공사는 현재 추진 중인 사업을 확대하는 한편, 신시장 개척에도 박차를 가할 계획입니다. 특히, 민관협력(PPP) 투자와 운영유지관리(O&M) 사업에 중점을 두고 지속 가능한 상생 모델을 실현해 나가고자 합니다.

앞으로도 공사는 우리 기업들이 해외에서 마음껏 역량을 펼칠 수 있도록 마중물 역할을 다해 나가겠습니다. 여러분께서도 많은 관심을 가지고 힘을 모아주시길 바랍니다.

오늘 간담회가 민간, 공공 간의 협력과 발전을 위한 중요한 전환점이 되기를 바라며, 좋은 말씀 경청하겠습니다.

감사합니다.

15. 고객사업 휴게소 음식 페스타 경진대회 개회사(24.9.24)

안녕하십니까. 한국도로공사 사장 함진규입니다.

먼저, 바쁜 추석 연휴 기간 휴게소 음식 페스타의 성공적 개최를 위해 애써주신 참가자, 관계자 여러분께 감사의 말씀을 드립니다.

이 자리를 빛내주시기 위해 귀한 걸음 해주신 심사위원, 지역주민 여러분께도 깊이 감사드립니다. 오늘날 건강하고 안전한 먹거리는 국민의 삶을 결정짓는 중요한 요소로 자리 잡고 있습니다.

이에 우리 공사는 전국 유명 맛집을 유치하고 대표메뉴를 개발하는 등 휴게소 음식문화와 서비스 수준 향상을 위해 끊임없이 노력해 오고 있습니다. 그러나 아쉽게도 더 나은 품질과 서비스를 요구하는 국민과 고객의 목소리는 여전히 높기만 합니다. 그래서 오늘의 이 자리가 더욱 중요합니다. 우리는 항상 고객의 입장에서 생각하고 부족한 부분을 채우고 개선해야 하는 책무가 있는 사람들이기 때문입니다.

오늘 선보이는 음식들은 전국 팔도의 휴게소에서 가장 맛있고 품질이 우수하다는 평가를 받고 결선에 오른 대표메뉴이며 각 지역의 자존심입니다.

긴 시간 연구하고 실력을 쌓아온 만큼 역량을 맘껏 발휘해 좋은 성적 거두시기를 바랍니다. 여러분의 참여로 선정된 베스트 메뉴들은 앞으로 고객의 입맛과 마음을 사로잡는 휴게소 대표 음식으로 자리매김하게 될 것입니다.

이번 경진대회가 휴게소 음식의 우수성을 널리 알리고 국민의 소중한 의견을 듣는 소통의 장이 되기를 희망하며, 앞으로도 공사는 명품휴게소 조성에 더욱 힘쓰겠습니다.

먼 길 오셔서 행사를 빛내주신 모든 분께 다시 한번 감사드리며, 이번 대회가 휴게소 혁신의 든든한 디딤돌이 되기를 기대합니다.

감사합니다.

16. 저출산 극복을 위한 노사 공동선언 선포식 (24.11.14)

이지웅 위원장님을 비롯한 노조 집행부, 대의원 여러분, 반갑습니다.

2024년도 전국 대의원대회 개최를 진심으로 축하드리며 뜻깊은 자리에서 뵙게 되어 기쁘게 생각합니다.

올 한해 여러분께서는 어려운 여건 속에서도 상생의 노사문화 정착을 위해 앞장서 주셨습니다. 덕분에 공사는 중요한 순간마다 위기를 기회로 만들며 미래를 준비할 수 있었습니다. 여러분의 노고에 깊이 감사드립니다.

우리 노사는 회사의 현안뿐만 아니라 외환위기와 같은 국가적 위기 상황에서도 서로 협력하며 어려움을 극복해 온 전통을 가지고 있습니다.

그런 점에서 노사가 오늘, 연례적인 의제를 넘어 저출산이라는 사회적 문제에 인식을 공유하고 대책을 함께 만들어 나가기로 한 것은 매우 의미가 크다 하겠습니다.

주지하다시피 현재 우리나라는 저출산과 고령화로 경제활동 참가율이 점차 떨어지고 국가 경쟁력이 저하되는 문제에 직면해 있습니다. 이를 해결하기 위해서는 사회 구성원 모두의 노력이 필요하지만, 무엇보다 일과 가정이 양립하는 가족 친화적인 기업문화 조성이 중요합니다. 하지만 청년들이 열심히 일하면서 결혼과 출산, 육아를 병행할 수 있게 일터의 환경과 문화를 바꿔나가는 일은 사측의 힘만으로는 한계가 있습니다.

따라서 이번 저출산 문제 극복을 위한 노사 공동선언은 사회와 상생하는 협력적 노사관계의 장을 열어줄 소중한 밑거름이 될 것이라 믿습니다.

오늘 노사는 그 첫걸음으로 경북지역의 저출산 극복 기금을 전달하는 뜻깊은 자리를 마련했습니다.

작은 시작이 큰 변화를 만들어 내듯 우리의 노력이 범국가적 저출산 위기 극복에 보탬이 되기를 기대해 봅니다.

앞으로 공사는 모든 구성원이 오래, 행복하게 일하고 싶어 하는 조직을 만들고, 이러한 기업문화가 사회에 널리 퍼져나갈 수 있도록 공기업으로서 노력과 지원을 아끼지 않을 것입니다. 여러분께서도 미래세대를 위하는 일에 힘을 모아주시길 당부드립니다.

다시 한번 여러분의 헌신에 감사드리며 가정에 건강과 행복이 함께 하기를 기원합니다.

감사합니다.

17. 신년사 미래지향적인 사고로 내일을 준비합시다 (25.1.2)

사랑하는 도공가족 여러분께 새해 인사드립니다.

2025년 을사년 푸른 뱀의 해를 맞아 여러분 가정에 건강과 행복이 충만하시기를 기원합니다.

제가 도공인의 일원이 된 지 이제 3년 차가 됩니다. 지난 2년을 되돌아보면, 첫해에는 새로운 비전을 세우고 안전, 혁신, 공감, 신뢰의 가치를 확립하고자 노력했습니다. 2년 차에는 고속도로 5천㎞ 달성, 4차 산업 시대 선도 등 국토 균형 발전과 경쟁력 강화에 매진했습니다.

그동안 저를 믿고 책임과 역할을 다해주셔서 감사합니다. 이지웅 위원장님을 비롯한 노동조합 간부들께도 특별히 감사의 말씀을 드립니다.

도공가족 여러분! 올해도 녹록지 않은 경제 상황으로 격동의 한 해가 될 것 같습니다. 특히 글로벌 경기둔화와 맞물려 우리나라 역시 수출 부진과 내수 위축이 우려됩니다. 우리 앞에도 수많은 도전이 놓여있습니다. SOC 사업을 두고 민간과 치열하게 경쟁해야 합니다. 통행료 현실화 문제와 함께 수준 높은 안전관리와 재무 혁신도 요구받고 있습니다.

우리는 미래 지향적인 사고로 내일을 준비해야 합니다. 안전과 성장동력을 동시에 확보해야 합니다. 이를 염두에 두고, 올해 중점 추진 방향을 공유하면서 여러분과 각오를 다지고자 합니다.

첫째, 최우선 가치는 안전입니다. 먼저 국민이 체감할 수 있는 안전관리에 매진하겠습니다. 이를 위해 노후 구조물을 신속하게 개선하고 안전, 휴게 시설을 더욱 촘촘하게 구축하겠습니다. 특히 유지관리 디지털 전환을 지속 추진하여 폭설 등 기상이변과 도로 위 위험에 선제 대응하겠습니다. 졸음운전, 2차 사고 등에 대한 예방적 안전대책과 안전순찰원의 권한 강화 입법도 계속 추진하겠습니다. 이를 통해 고속도로 교통사고 사망률을 OECD 5

위 수준으로 끌어올리는 등 교통문화 선진화에 힘쓰겠습니다. 작업장 사망사고 제로화도 실현해야 합니다. 이에 따라 작업중지권의 실효성을 높이고, 첨단기술 기반의 장비 무인화도 발전시켜 나가겠습니다.

둘째, 성장경쟁력 확보를 위한 혁신입니다. 혁신 없는 기업은 사상누각에 불과합니다. 이에 미래도약 50과제 추진 3년 차를 맞아 국민이 체감하는 혁신성과 달성에 속도를 내겠습니다. 특히 K-MaaS, 복합환승센터, 스마트 물류, 지하고속도로, 해외사업 5대 중점사업에서 의미 있는 성과를 거두겠습니다. 자율주행차, 도심항공교통 등 미래 모빌리티 상용화에 대비한 첨단 인프라 구축에도 집중하겠습니다. 그 과정에서 혁신 기술 도입을 선도함으로써 미래 건설산업의 패러다임을 진일보시키겠습니다.

해외사업 수주 1조 원 시대도 열겠습니다. 이를 위해 해외거점을 확대하고 민간·공공과의 협력을 강화하는 등 K-고속도로 세계화에 앞장서겠습니다. 휴게소 서비스 혁신도 지속 추진하여 레저와 문화, 신기술이 접목된 복합문화공간으로 탈바꿈시켜 나가겠습니다.

마지막으로 상생과 청렴 문화 확산입니다. 우리는 지역경제에 희망의 사다리가 되어야 합니다. 우선, 중소기업 활력 제고를 위해 도공기술마켓 활성화에 더욱 매진하겠습니다. 이를 통해 기업의 경쟁력을 담보하고 양질의 일자리 창출에 일조하겠습니다. 아울러 계획 노선 건설과 신규 노선 발굴로 교통 양극화 해소에 노력하겠습니다.

무엇보다 청렴해야 합니다. 이를 위해 앞으로 저는 각종 부정부패와 갑질 등 청렴을 저해하는 행위에 대해서는 무관용 원칙을 적용해 엄정 처리하겠습니다. 공사대금, 임금 제불 없는 공정한 계약 문화 조성에도 앞장서겠습니다. 봉사와 나눔으로 지역공동체의 책임 있는 일원이 되겠습니다.

사랑하는 도공가족 여러분! 사장부터 솔선수범하겠습니다. 물론 고난과 시련이 곳곳에 도사리고 있을 것입니다. 하지만 국민에게 진심을 다하고, 함께 나누고, 희망을 더하면 좋은 결과가 반드시 뒤따를 것이라 믿습니다.

시대를 앞서나가는 여러분의 모습을 기대하며 올 한해도 국민 안전에 최선을 다해주시기를 바랍니다. 도공가족 모두 새해 복 많이 받으십시오.

감사합니다.

18. 교통 교통안전 선진화를 위한 대국민 토론회 환영사(25.2.19)

반갑습니다. 한국도로공사 사장 함진규입니다.

오늘 교통안전 선진화를 모색하는 공론의 장이 국회에서 개최되어 매우 뜻깊게 생각합니다.

소중한 자리를 마련해주신 존경하는 국토교통위원회 맹성규 위원장님께 깊이 감사드립니다. 오늘 행사에 참석하여 자리를 빛내주신 권영진 의원님, 복기왕 의원님, 김은혜 의원님, 한준호 의원님, 염태영 의원님, 손명수 의원님, 안태준 의원님께 감사드립니다.

본 행사에 아낌없는 지원을 해주신 국토교통부 백원국 차관님을 비롯한 정부 부처 관계자 여러분께도 감사를 드립니다. 그리고 발표와 토론을 맡아주신 안전생활실천시민연합 이윤호 사무처장님, 서울대학교 장수은 교수님, 국토교통부 김유진 과장님, 경찰청 김동주 고속도로순찰대장님, 서울시립대 박신형 교수님, 손해보험협회 이현재 팀장님, 한국도로교통공단 김중효 처장님께도 감사와 환영의 인사를 드립니다.

우리나라 경제성장의 기반이 된 고속도로는 1970년 경부선 건설 이후 꾸준히 발전을 거듭해 왔습니다.

많은 분의 노력 덕분에 고속도로 교통사고 사망자 수도 한 해 200명대에서 100명대로 감소했습니다. 그러나 교통안전 선진국이라 하기에는 아직도 갈 길이 멉니다.

고속도로 교통사고 사망률은 여전히 OECD 평균보다 높고, 안전불감증 역시 의식개선이 절실합니다. 최근 3년간 고속도로 교통사고의 80% 이상이 전방주시 태만, 졸음, 안전거리 미확보 등 부주의에서 비롯되었기 때문입니다.

이는 안전시설을 늘리고, 단속과 처벌을 강화하는 일 못지않게 안전의식 개선도 중요하다는 것을 보여줍니다. 이에 우리 공사는 2028년까지 고속도로 교통사고 사망률을 OECD 상위 5위 수준으로 끌어올린다는 목표하에 국민 안전 최우선 전략을 수립해 오고 있습니다.

도로 위 안전을 위해 노후 구조물을 개선하고 안전시설, 유지관리 첨단화에 힘쓰는 한편, 졸음쉼터, 화물차 전용 라운지도 확대하고 있습니다.

특히 SNS 등 다양한 매체와 캠페인을 통해 2차 사고 예방, 전 좌석 안전띠 착용, 졸음운전 금지 등 성숙한 교통문화 조성에 노력하고 있다는 말씀을 드립니다. 그러나 공사가 소기의 목적을 달성하기 위해서는 여기 계신 의원님들과 정부, 시민단체 여러분의 관심과 지원이 무엇보다 절실합니다.

오늘 이 자리가 교통안전에 대한 법적, 제도적 개선과 안전 문화 확산에 큰 걸음이 되었으면 합니다.

발제자, 패널 여러분의 열띤 토론을 기대하며, 공사도 오늘 나온 고견을 자양분 삼아 안전한 주행환경 조성에 더욱 매진하겠습니다.

감사합니다.

19. 교통 2025년 수원 ITS 아태총회 개회사 (25.5.28)

존경하는 내외 귀빈 여러분, 수원시민 여러분, 반갑습니다. 수원 ITS 아시아·태평양총회 조직위원장을 맡고 있는 한국도로공사 사장 함진규입니다.

오늘 사람과 기술, 도시와 미래가 하나로 연결되는 최첨단 기술의 향연, 수원 ITS 아시아·태평양총회가 화려한 막을 올립니다.

총회 참석을 위해 세계 곳곳에서 찾아주신 여러분 모두를 조직위원회를 대표해 진심으로 환영합니다. 특히 바쁜 일정에도 함께해 주신 염태영 국회의원님, 김준혁 국회의원님, 국토교통부 백원국 차관님, 이재준 수원특례시장님, 김홍규 강릉시장님, 이재식 수원시의회 의장님, 허청회 ITSK 협회장님, 그리고 각국의 장·차관님, 정부 대표단, ITS 전문가, 학계·산업계 관계자 여러분께 깊은 감사의 말씀을 드립니다.

올해로 20회째를 맞는 이번 총회는 'ITS가 제시하는 초연결 도시'를 주제로, 세계 ITS 기술과 정책 비전을 공유하는 협력의 장이 될 것입니다. 세계 30개국의 정부 관계자와 ITS 전문가분들이 참석한 이번 총회는 규모와 내용 면에서 역대 최대 수준을 자랑합니다.

특히 11개국의 장·차관님들께서 자리를 빛내주셔서 정책 교류 측면에서도 실질적이고 심도 있는 논의가 이루어질 것으로 기대됩니다. 이를 위해 조직위원회는 ITS의 현재와 미래를 공유할 수 있는 다양한 프로그램을 준비했습니다. 50개로 구성된 학술 세션에서는 각국의 ITS 기술과 정책, 연구성과가 공유되며, 177개 전시 부스에서는 자율주행, 스마트 인프라 등 최신 기술이 소개됩니다. 또한 고속도로 교통센터 시찰과 C-ITS 시연, 로봇 주차, 드론 진단 등 현장 기반 기술을 통해 미래 교통기술을 보다 생생히 경험할 수 있을 것입니다.

이와 함께 기업 간 매칭 프로그램도 함께 운영되어 ITS 기술의 상용화와 글로벌 확산을 위한 비즈니스의 장이 될 것입니다.

ITS는 단지 교통을 효율화하는 기술을 넘어, 기후 위기와 도시 문제를 동시에 해결할 수 있는 통합적 해법이자 글로벌 과제입니다. 한국은 이러한 흐름에 맞춰 스마트 고속도로, 자율협력주행 인프라 구축, 디지털 모빌리티 혁신 노력을 지속하고 있습니다.

이번 총회는 그 노력의 연장선에서 ITS의 새로운 가능성을 전 세계와 함께 모색하는 중요한 기회가 될 것입니다. 이번 총회는 수원시민과 함께하는 축제의 장이기도 합니다. 시민 여러분께서는 체험·시연존과 더불어 오늘 밤 광교 호수 위를 수놓을 드론 아트쇼를 통해 ITS 기술이 우리 삶 가까이 있다는 것을 직접 체험하실 수 있을 것입니다.

ITS는 더 이상 전문가들만의 전유물이 아닙니다. 모든 교통 이용자, 스마트 도시를 꿈꾸는 시민, 그리고 미래세대가 함께 만들어 가야 할 성장동력입니다. 이번 총회가 그 길에 중요한 이정표가 되기를 바라며, 행사 준비에 헌신해 주신 국토교통부, 수원시, 조직위원회, 후원기관 관계자 여러분과 자원봉사자, 시민 여러분께 진심으로 감사드립니다.

이번 총회가 모든 분께 깊이 있는 배움과 새로운 협력, 감동의 시간이 되기를 기원합니다.

감사합니다.

20. '청렴 선포식 및 청렴 LIVE 교육 청렴 메시지' (25.6.16)

존경하는 임직원 여러분!

오늘 우리는 '우리가 만드는 길, 청렴으로 시작됩니다'라는 다짐 아래, 공직자로서의 초심을 되새기고자 모였습니다.

청렴은 안전과 함께 우리 공사의 지속가능성을 지탱하는 뿌리이자, 국민과의 신뢰를 잇는 출발점입니다. 이에 우리는 그동안 국민에게 신뢰받는 청렴한 조직을 만들고자 부단히 힘써왔습니다.

그러나 안타깝게도 회계 부정, 갑질 등 조직 내 신뢰를 훼손하는 일들이 여전히 발생하고 있어 더 이상 좌시할 수 없는 상황입니다. 더욱이 새 정부 출범으로 공공부문 전반에 대한 국민의 관심이 집중되고 있는 지금, 대한민국 대표 공기업으로서 그에 걸맞은 책임 있는 역할과 청렴한 실천이 필요한 시점입니다. 그렇기에 오늘 이 자리가 우리 조직을 근본적으로 되돌아보고 청렴이라는 원칙을 다시 단단히 세우는 의미 있는 시간이 되기를 기대합니다.

청렴은 단지 규정만으로 지켜지는 것이 아닙니다. 진정한 청렴은 매뉴얼이 아니라 일상의 태도에서 비롯된 자발적 실천의 결과입니다. 따라서 퇴직자와의 짧은 만남, 사소한 편의 제공 하나조차 외부의 시선에서는 오해나 의심의 씨앗이 될 수 있습니다. 이제는 그런 가능성조차 차단할 수 있는 투명한 조직문화를 만들어야 합니다.

이 같은 청렴 문화는 일부의 노력만으로 실현되지 않습니다. 공동체 모두가 청렴을 윤리 기준으로 삼아 실천할 때 진정한 청렴 문화가 완성됩니다.

저부터 실천하겠습니다. 일상적인 의사결정에서부터 업무수행 전 과정에 이르기까지, 청렴의 잣대를 스스로에게 먼저 적용하겠습니다. 아울러 기준과 원칙을 무너뜨린 비위 행위에 대해서는 무관용 원칙을 일관되게 적용함으로써 청렴한 조직문화를 반드시 정착시키겠습니다.

이를 위해 간부 여러분께 특별히 당부드립니다. 청렴은 간부 여러분의 말과 행동, 판단 하나하나에서 시작됩니다. 따라서 각 부서의 책임자로서, 조직 내 부패 취약 요인을 세심히 점검하고 사전에 차단하는 내부통제 기능이 조직 안에서 작동될 수 있도록 적극 실천해 주시길 바랍니다.

직원 여러분께도 당부드립니다. 여러분의 작은 실수 하나가 조직 전체의 신뢰를 무너뜨릴 수 있음을 명심하고, 보고서 한 장, 계약 하나, 전화 한 통까지 공직자로서 품위를 지켜 주시길 바랍니다.

여러분, 세상에는 비밀은 없습니다. 투명하지 않은 업무는 언젠가 반드시, 책임이라는 이름으로 돌아오기 마련입니다. 그러니 오늘 청렴 선포식이 선언에 그치지 않도록 부끄럽지 않게, 당당하게 일해 주시길 바랍니다.

끝으로 태풍 등 자연재해의 위험이 큰 시기인 만큼 현장과 작업장의 안전을 꼼꼼히 점검하고 비상 대응체계도 빈틈없이 유지해 주시길 당부드립니다.

청렴과 안전, 이 두 가지 기본을 지켜나가는 여러분의 실천을 기대하며, 저 역시 끝까지 함께하겠습니다.

감사합니다.

21. 2025 중소기업기술마켓 공유한마당 축사 (25. 9. 2)

반갑습니다. 한국도로공사 사장 함진규입니다.

먼저 오늘 '중소기업기술마켓 공유한마당'의 성공적 개최를 위해 애써주신 기획재정부 임기근 차관님과 관계자 여러분께 깊이 감사드립니다.

바쁘신 일정에도 함께해 주신 광주광역시 김영문 부시장님, 한국지능정보사회진흥원 황종성 원장님, 한국전력공사 정치교 부사장님, 중소벤처기업진흥공단 이병철 부이사장님을 비롯한 정부기관, 지자체, 공공기관, 중소기업 관계자 여러분께도 감사의 말씀을 드립니다.

새 정부는 '혁신 경제'와 함께 '모두가 잘 사는 균형성장'을 핵심 가치로 삼고 있습니다. 그리고 그 중심에는 디지털 대전환과 AI를 포함한 첨단산업 육성, 공정하고 활발한 시장 생태계 조성이 있습니다.

중소기업기술마켓은 이러한 국정철학을 실현하는 공공-민간 상생의 '현장 중심 플랫폼'입니다. 우리 공사는 그동안 중소기업기술마켓의 총괄기관으로서 기획재정부를 비롯한 127개 공공기관과 긴밀히 협력하며 중소기업 성장과 공공재 혁신을 뒷받침해 왔습니다.

특히 지난 2023년 말에는 분야별로 분산돼 있던 상생 플랫폼을 통합하여 참여 기업·기관, 등록 기술, 구매 실적 모두 양적·질적으로 크게 성장하는 성과를 거뒀습니다. 이어 올해는 지자체 최초로 광주광역시가, 지방공기업 최초로 서울시설공단이 참여하면서 지자체와 지방 공기업으로까지 저변이 확대되었습니다. 이는 중소기업기술마켓이 국가적 상생 플랫폼으로 자리매김하고 있음을 보여줍니다.

오늘 행사는 이러한 성과를 한층 더 공고히 하고, 중소기업기술마켓이 미래 혁신을 선도해 나가는데 중요한 디딤돌이 될 것입니다. 앞으로 공사는 AI 혁신이라는 새로운 기회에 선도적으로 대응하겠습니다. 이를 위해 AI 기반의 도로관리와 스마트 톨링, 친환경 인프라 구축으로 축적한 경험과 데이터를 적극 개방해 중소기업의 혁신 기술이 신속히 적용·검증되도록 하겠습니다.

특히 올해 말 구축되는 AI 전용관을 통해 우수 기술과 정책을 공유하고, 현장 활용을 적극 지원하겠습니다. 또한 각 기관의 수요를 상시 파악해 맞춤형 기술을 제공하고, 추가 개발이 필요한 분야는 R&D 사업과 연계해 지속 발전시켜 나가겠습니다. 우리 공사는 이미 스마트 고속도로, 안전관리 시스템 등 다양한 분야에서 중소기업과 협력하며 혁신을 만들어왔습니다.

앞으로도 공사가 가진 인프라와 경험을 적극 개방해 중소기업이 더 큰 무대에서 빛을 발할 수 있도록 든든한 동반자가 되겠습니다.

'혼자 가면 빨리 갈 수 있지만, 함께 가면 멀리 간다'는 말이 있습니다. 오늘 이 자리가 바로 함께 멀리 가는 혁신과 상생의 새로운 출발점이 되기를 기대합니다. 중소기업이 잘사는 나라, 중소기업기술마켓이 만들고 한국도로공사가 함께하겠습니다.

감사합니다.

22. 유지관리 고속도로 노후화 대응 정책토론회(25.9.11, 국회 의원회관)

안녕하십니까. 한국도로공사 사장 함진규입니다.

오늘 고속도로 노후화 대응 방안을 모색하는 정책토론회가 국회에서 열리게 된 것을 매우 뜻깊게 생각합니다. 이 자리를 마련해주신 국회 국토교통위원회 안태준 의원님과 권영진 의원님께 깊이 감사드립니다.

본 행사를 위해 아낌없는 지원을 해주신 국토교통부 이우제 국장님, 한국도로학회 박철우 회장님, 대한교통학회 유정훈 회장님께도 감사드립니다. 아울러 주제 발표와 토론을 맡아주신 국토연구원 김광호 연구위원님, 서울시립대학교 박신형 교수님, 인하대학교 이영환 교수님, 국토교통부 유병수 도로관리과장님, 서울대학교 장수은 교수님, 대한건설정책연구원 홍성호 선임연구위원님, DL이엔씨 송성용 상무님, 대한경제 채희찬 건설산업부장님, 그리고 오늘 함께 해주신 내외 귀빈 여러분께 진심으로 감사와 환영의 인사를 드립니다.

우리 고속도로는 지난 반세기 동안 국가 성장의 동맥으로서 국민의 삶을 지탱해 왔습니다. 하지만 개통된 지 30년이 넘는 노선이 빠르게 늘어나면서, 노후화 문제는 국민의 생명과 직결된 시급한 과제가 되었습니다. 특히 최근 기후변화에 따른 자연재해의 증가와 자율주행차, 전기차 등 새로운 교통수단의 등장은 고속도로 리모델링의 필요성을 더욱 높이고 있습니다.

이제 고속도로 유지관리는 지속 가능하고 예측 불가능한 위험을 줄이기 위한 첨단 기술 기반의 관리체계로 나아가야 합니다.

우리 공사는 이러한 변화에 선제적으로 대응하기 위해 안전과 내구성을 강화한 전면 리모델링 중심의 새로운 관리체계를 준비하고 있습니다. 이를 위해 포장과 구조물을 비롯한 주요시설 전반을 종합 분석하고, 과학적 평가를 통해 대규모 리모델링이 필요한 구간의 우선순위를 도출하고 있습니다.

그리고 이 결과를 바탕으로 올해 말까지 중장기 계획을 확정할 예정이며, 일부 구간은 이미 시범사업 설계에 착수한 상태입니다.

이 과정에서 민간 참여와 혁신 기술은 필수적입니다. 공사는 AI, IoT 등 디지털 기반의 관리방식을 도입하고, 민관이 함께 참여하는 협력 모델을 통해 고속도로의 새로운 산업 생태계를 만들어 가겠습니다.

이는 단순히 낡은 시설을 고치는 수준이 아니라 국민 안전과 도로 품질을 획기적으로 높이는 중요한 첫걸음이 될 것입니다.

오늘 토론회는 그동안의 논의를 풍성하게 하고, 실천 가능한 설계도를 만드는 자리입니다. 재원과 제도, 기술과 협력, 그리고 국민 안전을 아우르는 종합적 대책이 논의되기를 기대합니다.

전문가 여러분의 지혜와 대안은 고속도로의 지속가능성을 높이는 데 큰 힘이 될 것입니다. 공사는 오늘 논의된 과제를 책임 있게 정리하고 정부, 국회, 산업계와 협력해 제도화와 실행으로 연결하겠습니다. 이를 통해 국민께는 더 안전하고 편리한 길을, 미래 세대에게는 지속 가능한 고속도로를 물려드리겠습니다.

다시 한번, 토론회를 빛내주신 모든 분께 감사드리며 이 자리가 우리 고속도로의 새로운 도약을 여는 마중물이 되기를 기대합니다.

감사합니다.

23. 도로 스마트기술 활성화 포럼 기념사 (25.9.19)

존경하는 건설인 여러분, 내외 귀빈 여러분, 반갑습니다. 한국도로공사 사장 함진규입니다.

오늘 '도로 스마트 기술 활성화 포럼'이 우리 건설산업의 발전 방향을 제시하고 국민의 안전과 안녕을 지키는 밑거름이 되기를 기대합니다.

바쁜 의정활동 중에도 자리를 빛내주신 국토교통위원회 안태준 의원님과 축사를 보내주신 맹성규 국토교통위원장님께 깊이 감사드립니다. 또한, 뜻깊은 행사를 마련해주신 국토교통부 강희업 차관님과 이우제 도로국장님께도 진심으로 감사의 말씀을 드립니다.

스마트 기술 발전을 위해 노력하고 계신 한국건설기술인협회 박종면 회장님, 한국 건설자동화·로보틱스학회 서종원 회장님, 한국도로학회 박철우 회장님, 중앙대학교 심창수 교수님, 그리고 내외 귀빈 여러분께도 감사드립니다.

오랫동안 우리 건설산업은 국가 경제와 국민 삶의 기틀을 닦고 대한민국을 경제 대국의 반열에 올려놓았습니다.

그러나 오늘날에는 경기 침체와 인력 고령화, 생산성 저하, 안전사고, 탄소중립과 같은 여러 도전에 직면하며 성장에 어려움을 겪고 있습니다. 이에 산업계 전반에는 기존 노동집약적 건설 현장에서 스마트한 첨단현장으로 전환해야 한다는 공감대가 형성되고 있습니다.

이제 4차산업 기반의 스마트 기술과 장비는 건설 현장에서 더 이상 선택이 아닌 필수가 되었습니다. 이미 선진국들은 발 빠르게 기존 건설기술과 인공지능 등 첨단 기술을 융합하며 지속 성장을 위한 토대를 만들어 가고 있습니다.

우리 정부 또한 건설 강국의 위상에 걸맞게 기술개발에 대한 투자와 지원을 아끼지 않고 있습니다. 국회에서도 건설산업의 경쟁력 강화와 스마트 건설기술 도입을 위한 입법적, 정책적 지원 등 다양한 논의가 이뤄지고 있습니다. 이러한 노력에 발맞춰 우리 공사는 스마트 건설기술 국가 R&D 사업 총괄기관으로서 혁신 기술개발과 실용화에 총력을 기울여 왔습니다. 그 결과 드론, BIM(건설정보모델링)과 같은 첨단 기술이 혁신의 아이콘으로서 스마트 건설 생태계 조성에 활용되며 고속도로 현장의 생산성과 안전성을 높여나가고 있습니다.

앞으로도 공사는 도로 분야의 스마트 기술 지원사업 추진기관으로서 건설 자동화와 모듈화 시공 등의 스마트 기술이 현장에서 보편화될 수 있도록 최선을 다하겠습니다. 하지만 스마트 기술이 현장에 뿌리내리려면 정부와 국회, 학계, 산업계가 한 팀이 되어 유기적으로 협력하는 것이 무엇보다 중요합니다. 그런 점에서 오늘 포럼은 매우 의미 있다고 생각하며 이 자리가 직면한 현안의 심도 있는 논의와 스마트 기술 활성화의 지혜를 모으는 뜻깊은 시간이 되었으면 합니다.

다시 한번 참석해 주신 모든 분께 감사드리며, 미래 건설산업을 위한 여러분의 지속적인 관심과 참여 부탁드립니다.

감사합니다.

24. 교통 2025년 고양 아시아 · 대양주 도로대회 환영사 (25.10.28)

존경하는 세계 도로교통인 여러분, 고양시민, 내외 귀빈 여러분, 반갑습니다. 2025 고양 아시아·대양주 도로대회 조직위원장을 맡고 있는 한국도로공사 사장 함진규입니다.

오늘 도로·교통 분야의 국제적 협력을 위한 고양 아시아·대양주 도로대회의 화려한 막이 올랐습니다. 세계 각국에서, 전국 각지에서 귀한 걸음 해주신 여러분께 감사와 환영의 인사를 드립니다.

특히 바쁜 일정 중에도 대회의 성공을 위해 참석해 주신 권영진 의원님께 깊이 감사드립니다. 또한 본 대회를 위해 애써주신 이동환 고양특례시장님, 김성환 아시아 대양주 도로기술협회 회장님, 클라우드 반 루텐 세계도로협회 명예회장님, 아민 아눅크 국제도로연맹 회장대행님 그리고 각국의 장·차관님을 비롯한 정부 대표단, 학계, 산업계, 후원사 관계자 여러분께도 감사의 말씀을 드립니다.

이번 대회는 2015년 서울 세계도로대회 이후 10년 만에 다시 한국에서 개최되는 국제 도로대회입니다. 이러한 역사적 의미를 지닌 이번 대회에는 세계 각국의 도로교통 전문가들이 모여, '초연결 미래 도로'를 주제로 각국의 도로 정책과 기술 경험을 공유하게 됩니다. 무엇보다 세계 3대 도로 관련 국제기구가 처음으로 한자리에 모여 인류 공동과제인 안전, 디지털 전환, 지속 가능한 인프라를 심도 있게 논의하고 협력 방안을 모색하는 소중한 기회가 될 것입니다.

이를 위해 조직위원회는 다양한 프로그램을 정성껏 준비했습니다. 학술 세션에서는 각국의 연구 성과와 정책 비전이 공유되고, 158개 전시 부스에서는 스마트 모빌리티와 도로관리 기술 등 첨단 혁신 사례가 소개됩니다. 또한 여러분께서는 한강터널 건설 현장 시찰과 교량 점검 로봇, 드론 관제 등 현장 기반 기술을 통해 도로의 미래를 직접 경험하실 수 있을 것입니다.

AI 시대를 맞아 이제 도로는 단순한 이동 통로에서 자율주행, 스마트 인프라, 친환경 기술이 융합된 디지털 공간으로 진화하고 있습니다. 그리고 그 과정에서 도로는 국가 경제와 산업 전반에 시너지를 창출하고, 기술혁신의 중요한 기반이 되고 있습니다. 이에 한국은 일찍부터 스마트 고속도로 건설과 지능형 관제 시스템 구축, 모빌리티 혁신을 추진하며 이 흐름을 선도하고 있습니다.

이번 도로 대회는 이러한 한국의 경험을 세계와 공유하고, 아시아·대양주 각국과 미래 도로의 비전을 모색하는 뜻깊은 자리가 될 것입니다.

특히, 대회 기간 중 열리는 도로기관장 회의와 비즈니스 포럼은 국가와 산학연 간 협력 모델을 구체화하며, 초연결 사회가 지향하는 도로의 미래를 제시해 줄 것입니다.

대회 개최지 고양은 수도 서울과 인접한 교통의 요충지이자, 한류 문화, 첨단산업, 아름다운 자연이 공존하는 도시입니다. 이번 대회가 고양의 발전과 우리 모두의 목표인 '초연결 미래 도로'를 만들어 가는 협력의 장이 되기를 기대합니다.

다시 한번 이번 대회에 보내주신 성원에 감사드리며, 여러분 모두의 성과와 발전을 기원합니다.

감사합니다.

25. '함께하는 디지털 선포식' CEO 디지털전환 메시지

존경하는 도공가족 여러분, 반갑습니다. 오늘 우리는 한국도로공사의 디지털 전환을 공식적으로 선포하는 뜻깊은 자리에 함께하고 있습니다.

지난해 우리 공사는 SOC 공기업 최초로 디지털본부를 신설하고, 다양한 디지털 기술과 데이터에 기반한 행정을 현장에 적용하며 소기의 성과를 거두고 있습니다.

이제는 그 변화의 속도와 깊이를 더욱 키워가야 할 때입니다. 이는 단순히 기술의 혁신만을 뜻하지 않습니다. 디지털 전환은 조직의 체질과 일하는 방식을 바꾸고, 국민의 기대를 뛰어넘어 새로운 고속도로를 구현하는 근본적 혁신을 의미합니다.

지금 우리는 기술이 빠르게 진화하고, 국민의 눈높이가 날로 높아지는 변혁의 시대에 서 있습니다. 이러한 시기에 신기술을 외면하거나 준비 없이 대응한다면 시대의 흐름에서 밀려나고 말 것입니다. 따라서 디지털 전환은 선택이 아니라 생존의 문제이며, 지속 가능한 미래로 나아가는 기회의 문입니다. 중요한 것은 이 기회를 어떻게 실현하느냐입니다. 이에 저는 세 가지 핵심 방향을 중심으로 디지털 전환을 강력하게 추진하고자 합니다.

첫째, AI와 데이터를 바탕으로 일하는 방식을 혁신하겠습니다. 디지털 정보에 기반한 합리적 의사결정으로, 예산은 줄이고 업무의 효율은 높이며 소통과 협업이 살아있는 업무환경을 만들겠습니다. 특히 데이터 기반의 예측과 분석을 통한 실효성 있는 내부통제 시스템 운영으로 공정하고 투명한 문화를 정착시키는 데 힘쓰겠습니다.

둘째, 국민이 체감하는 디지털 전환을 실현하겠습니다. 이를 위해 모두가 공감하는 맞춤형 서비스와 누구도 소외되지 않는 포용적 시스템, 실시간 대응이 가능한 고객 접점 시스템으로 국민과 더욱 가깝게 소통하겠습니다.

셋째, 디지털 고속도로를 통해 국민 삶에 행복을 더하겠습니다. 이와 관련해 K-MaaS, UAM 등과 연계해 디지털 기반의 미래 교통 생태계를 구축하고, 새로운 산업을 창출하는 플랫폼 기업으로 거듭나겠습니다.

도공가족 여러분! 지금 우리는 기술과 속도가 경쟁력이 되는 시대에 서 있습니다. 변화는 이미 시작됐고, 주저할 시간은 없습니다. 쉽지 않은 여정이지만 창의적이고 열정적인 여러분과 함께라면 반드시 해낼 수 있습니다.

오늘의 뜻깊은 한걸음이 큰 도약을 만들고, 그 도약이 국민에게 더 나은 삶이 될 수 있도록 힘을 모아주시길 바랍니다. 우리의 변화가 곧 도공의 미래입니다.

감사합니다.

PART IV
주요 언론기고문

1. 고속도로 5,000KM 시대 개막 (24.3.13, 중앙일보)

　지난 반세기 동안 고속도로는 근대화와 초고속 경제성장을 뒷받침하며 대한민국의 변화를 추동하는 동력으로 작용해 왔다.

　이동시간 단축, 물류 수송비 절감은 도시화 및 산업 간 교류 활성화를 통해 국민 삶의 질을 개선했으며, 이는 1968년 경인고속도로 개통 이후 현재 2천5백만 대에 달하는 자동차 등록 대수와 33,000달러를 넘어선 1인당 국민총소득 등 통계를 통해 확인 할 수 있다.

　고속도로가 올해 5,000km 시대를 열며 또 한 번 의미 있는 결실을 맺게 되었다.

　지난 2월 7일 총연장 33.6km인 수도권제2순환고속도로 포천-화도-조안 구간 개통으로 전국 고속도로는 5,008km에 달하게 됐으며,

　전체 국토면적당(천km²) 고속도로 연장은 49.87km로 경제협력개발기구(OECD) 국가 중 5위에 해당하는 수치이다.

　고속도로 5,000km 시대가 주는 가장 큰 혜택은 누구에게나 공평한 교

통복지 실현이다. 현재 전 국민 97% 이상이 전국 어디서든 30분만 운전하면 고속도로를 이용할 수 있다.

고속도로 확장은 심리적인 거리감 축소와 도어 투 도어(Door to Door)로 대표되는 자동차 이동 편익을 극대화하고, 산업 및 물류 활동 전반에 활력을 불어넣는 등 국토 균형발전을 통해 지속적인 경제성장을 가능케 할 전망이다.

이렇듯 국가 발전과 국민 편의 증진을 위해 달려온 고속도로는 지금도 새로운 이동 가치를 창출하고자 끊임없이 진화하고 있다.

미래 고속도로는 4차 산업혁명 시대와 함께 사물인터넷(IoT) 등 첨단기술이 집약된 디지털 고속도로로, 건설 및 유지관리 등 업무 전반의 효율을 향상시키고 새로운 서비스를 창출할 것이다.

공사가 선보일 한국형 모빌리티 서비스(K-MaaS)사업은 철도, 개인 모빌리티 등 교통정보를 통합해 최적경로 산출 등 서비스를 원스톱으로 제공하며, 고속도로 차세대지능형교통체계(C-ITS) 시설에 기반한 자율주행차 상용화와 도심항공교통(UAM) 등장은 고속도로 이동 공간을 3차원으로 확대한다.

최근 진행 중인 지하고속도로 건설은 도심 교통정체를 해소해 고속도로 본연의 기능을 회복시킴과 동시에 도시재생 사업에 새로운 활력을 불어넣고, 교통거점에 설치될 복합환승센터는 대중교통과 수도권광역급행철도(GTX) 등 신 교통수단 간 연계를 가능하게 할 것이다.

앞으로도 고속도로는 국민 눈높이에 부응하고자 쉬지 않고 달려갈 것이다. '1일 생활권'이라는 신조어가 고속도로 등장으로 인해 생성됐듯이 고속도로 발전이 일상생활을 얼마나 역동적으로 변화시킬지 기대해 본다.

2. 경부지하고속도로가 현실로 다가온다 (24.9.2, 전자신문)

　지하를 통해 서울과 경기도 용인을 잇는 고속도로의 현실화가 한 발 더 앞으로 다가왔다. 지난 8월 22일 경부고속도로 기흥IC~양재IC구간 지하화 사업의 예비타당성조사가 통과되면서 본격적인 사업추진이 가시화되고 있기 때문이다. 경부지하고속도로가 개통되면 우리의 삶에서 많은 부분을 변화시킬 것으로 기대된다.

　경부지하고속도로가 주는 가장 큰 혜택은 고속도로 교통정체의 해소이다. 사업 구간인 기흥~양재 구간은 극심한 상습 정체 구간으로, 도로는 이미 오래전부터 용량 한계에 도달한 상황이다. 현재 교통량은 14.9 ~ 21.4만대/일로 10차로 기준 평균 적정 교통량인 16.8만대/일을 초과한 곳이 많다. 많은 구간이 평균 주행속도가 50km/h에 미치지 못해 고속도로의 기능을 상실한 상황으로, 특히 서울 방향은 출·퇴근 시간을 포함한 모든 주간 시간대에서 정체가 발생하고 있다.

　경부지하고속도로가 개통되면 도로 용량이 대폭 증대되어 상습 정체의 근본적인 해소가 가능해진다. 장거리 교통량은 하부로 일반 교통량은 상부로 효율적인 분산이 이루어져 기존의 정체가 혁신적으로 개선될 것이다. 지상의 교통량은 2.3~5.7만대가 감소해 적정 서비스 수준으로 개선되고, 기흥에서 양재까지의 통행시간 또한 약 30분이 단축될 것으로 기대된다.

　아울러 용인서울 및 분당수서고속도로, 신수로 등 경부고속도로 주변의 상습 정체 구간의 부가적인 교통개선 효과 또한 기대할 수 있다. 이를 통한 통행시간 및 차량운행 비용 절감 등을 통한 편익은 연간 약 2,320억원에 달하는 것으로 분석된다.

　경부지하고속도로는 정체 해소뿐 아니라 교통사고도 감소시킬 것으로 기대된다. 지금의 경부고속도로는 많은 교통량이 밀집되고 있으며, 중대형 버스의 비율이 수도권 고속도로 평균 대비 약 2.8배 높아 교통사고가 빈번하게 발생하는 구간이다. 사업 구간의 교통사고 발생량은 연간 461건, 연장 대비 사고 건수로 환산 시 17.7건으로, 주변 고속도로의 연장 대비 평균 사고 건수(6.85)보다 2.5배에 달하는 실정이다.

경부지하고속도로는 상하부로 분리된 장·단거리 교통량 분산을 통해 교통사고의 근본적인 원인인 혼잡과 밀집도를 완화시킨다. 지상은 교통 혼잡이 완화됨에 따라 버스 통과 교통의 효율성이 증대되고, 버스전용차로(1차로)와 일반 주행차로간의 속도편차가 개선되어 차로변경에 따른 대형차량의 사고 위험성이 줄어든다. 지하는 강우·강설, 안개 등 기상조건에 영향을 받지 않으며, 분·합류부 간격이 넓어 감속과 지체가 줄어들어 차량의 주행 안전성이 크게 향상될 것이다. 이러한 효과로 인해 연간 약 33억원의 교통사고 절감에 따른 편익을 가져올 것으로 기대된다.

이러한 경부지하고속도로는 교통문제 개선에만 그치는 것이 아니라, 기존의 도로로 인한 도시단절 문제 해소, 도시재생 사업 지원 등 도시환경을 획기적으로 개선할 수 있는 대안이 되기도 한다.

기존 상부도로와 여유 부지에 녹지 및 생태공원을 조성해 도시환경 개선 및 재생이라는 새로운 가치를 창출할 수 있다. 고속도로 일부 구간(1.2km)을 지하화하고 상부공간에 대규모 녹지공원을 조성하여 쪼개졌던 두 개의 도시(동탄1 · 2 신도시)를 연결하는 것으로 도시의 환경을 획기적으로 개선한 경부선 동탄터널은 이에 대한 좋은 사례이다.

그러나 기존 고속도로의 문제점을 시원하게 해결해 줄 경부지하고속도로 사업이 가지는 현실적인 고민은 비용이다. 경부지하고속도로 사업은 기흥에서 양재까지 총 연장 26km에 이르는 초장대 대심도 지하고속도로를 건설하는 사업으로 전체 사업비는 총 3조 7천억 원에 달한다.

물론 경부지하고속도로 사업은 단순히 소요되는 비용과 경제적 편익만으로 계산해서는 안 된다. 지하화를 통해 확보되는 부지를 입체적이고 창의적인 공간으로 재탄생시켜 경제성을 높일 수 있고, 도시 단절 해소와 도시 환경 개선 및 재생으로 발생하는 사회적·문화적 이익도 함께 평가되는 것이 맞다.

하지만 비용 부담에 대한 현실적 문제는 고려되어야 한다. 경부지하고속도로 건설 사업의 투자 규모는 크지만, 기존 노선을 개선하는 것이기에 통행료 수입이 추가로 증가하기가 어렵다. 이에 대한 고민을 미리 준비하는 것으로 고속도로 이용객과 지역주민에게 큰 혜택을 가져다 줄 경부지하고속도로가 안정적으로 건설될 기반을 만들어야 한다. 9년째 동결 중인 고속도로 통행요금의 현실화를 검토하는 것이 하나의 방안이 될 수 있을 것이다.

3. 쉼 없이 스마트하게 뻗어나가는 대한민국의 고속도로
(25.1.6, 중앙일보)

우리나라가 고속도로 5,000㎞ 시대에 접어들었음을 선포한 것이 어제의 일처럼 느껴집니다. 작년 2월 7일 수도권 제2순환 고속도로 포천-화도-조안 구간을 개통하면서 당시 전국 고속도로의 총 길이는 5,008㎞가 되었고 한국도로공사와 대한민국에 뜻깊은 순간이었습니다. 고속도로 5,000㎞ 시대 달성 이후에도 한국도로공사와 고속도로는 쉬지 않고 달려왔습니다. 지난달 말 수도권 제2순환 고속도로 파주~양주 구간을 시작으로 함양울산고속도로의 창녕~밀양 구간과 세종포천고속도로의 안성~구리 구간을 개통했습니다.

1968년 경인고속도로와 1970년 경부고속도로가 개통된 이후 고속도로는 대한민국의 경제발전을 이끄는 초석이 되어 왔으며, 장거리 교통망으로써 물류를 원활히 하고 사람과 문화, 지역을 이어주는 역할을 했습니다. 작년 말 개통한 3개의 구간의 고속도로도 물류 인프라를 넘어 지역의 운명을 바꾸는 중요한 기반 시설로 경제성장과 지역 균형 발전을 이끌어 낼 것으로 기대합니다.

안성~구리 고속도로는 대한민국의 수도인 서울과 행정의 중심인 세종을 연결하는 세종포천선의 핵심 구간입니다. 경부고속도로와 중부고속도로에 집중되던 수도권의 교통량을 분산하고, 수도권 동남부로 접근성을 크게 개선해 도심 경제권을 크게 넓힐 것으로 기대하고 있습니다. 또한 파주~양주 고속도로는 수도권 광역경제권 구축을 위한 핵심 노선입니다. 2027년 김포~양주 연계구간이 완성되면 수도권 서북지역의 접근성이 개선되고 지역 경제는 더욱 활기를 띠게 될 것이라 확신합니다. 창녕~밀양고속도로는 경남 내륙지역의 이동성을 강화해 국가 균형 발전을 촉진하고 지역 간 소통과 교류를 원활하게 하는 새로운 동맥이 될 것입니다.

해당 노선들은 지역의 자연·역사·문화를 고속도로에 담아냈습니다. 안성~구리 고속도로에는 세종대왕을 모티브로 한 고덕토평대교, 남한산성터널 등이 있으며, 파주~양주 고속도로에는 지역명소인 회암사지와 어우러진 회암천교가 있어 지역의 대표 랜드마크로 자리매김할 것으로 기대하고 있습니다.

이 노선들은 차후에 개통될 노선과 연결되어 세종포천선과 수도권 제2순환선을 완성하고, 경남 내륙지역의 연계 교통망을 형성하게 될 것입니다.

한국도로공사는 개통된 3개 노선을 고객들이 안심하고 이용하실 수 있도록 안정적으로 운영하겠습니다. 또한, 2025년에 개통 예정인 새만금~전주 고속도로와 포항~영덕 고속도로에 대해서도 차질없이 개통될 수 있도록 추진하겠습니다.

앞으로도 공사는 고속도로 확장을 통해 산업 및 물류 활동 전반에 활력을 불어넣고, 국토 균형발전과 지속적인 경제성장을 견인할 수 있도록 노력하겠습니다.

4. 해외건설 누적수주 1조달러 달성 의미와 과제

(25.1.13, 아시아경제)

해외건설 수주 1조불 달성의 의미

한국의 해외건설 누적 수주 1조불 달성은 1965년 태국 고속도로 건설사업으로 해외시장에 첫발을 내딛은 지 약 60년 만에 이루어낸 쾌거로, 국내 기술력과 기업의 경쟁력이 세계 무대에서 인정받았음을 의미한다. 초기의 저렴한 인건비를 바탕으로 중동 지역에서 단순 인프라 건설에 주력했던 한국 기업들은 이제 고도화된 기술과 경험을 기반으로 고부가가치 프로젝트를 성공적으로 수행하며 세계 유수의 건설 강국과 어깨를 나란히 하고 있다.

또한, 해당 국가의 사회기반 시설을 건설하는 등 경제발전에 기여함으로서 한국에 대한 긍정적 이미지를 심어주고 있다. 이는 기업 차원의 성과를 넘어 국가 차원의 위상 강화로 이어지는 중요한 요소로 작용하였다.

해외건설 시장 전망 및 도공의 해외사업 현황

해외건설 시장은 글로벌 경제가 다변화되고 기술 발전이 가속화됨에 따라 새로운 변화를 맞이하고 있다. 아시아, 아프리카, 중남미 등 저개발 지역을 중심으로 도시화에 따른 인프라 투자 수요가 급증하고 있는 상황이다.

국가별 인프라 수요 증가에 따른 자금조달 부담이 커지면서, 민간 자본과 공공부문이 협력하여 수행하는 투자개발형 사업 모델이 최근 각광받고 있다. 이 모델은 단순 건설을 넘어 재원조달 및 운영유지관리까지 포함하는 방식으로 한국 기업의 역량과 기술력을 발휘할 수 있는 영역이다.

한국도로공사의 해외사업은 '05년 공적개발원조(ODA) 사업인 인도네시아 마나도 우회도로 타당성조사 및 실시설계를 시작으로 시공감리, 사업관리, 지능형 교통관리시스템(ITS) 등 우리 공사의 핵심 역량 분야에서 다수의 사업을 수주하였다.

'14년 방글라데시 최대 국책사업인 파드마대교 건설의 시공감리를 수주한 것이 대표적인 성과이다.

현재는 해외사업의 성장동력을 확대하고 민간 견인을 강화하기 위해 운영유지관리(O&M) 및 투자개발형(PPP) 사업을 개척해 진출 가능한 시장 영역을 확대하고 있다.

'22년 도공이 단독 수주한 방글라데시 파드마대교, N8 고속도로 운영유지관리 사업은 대표적인 성과다. 도공이 수주한 최초 투자개발 사업인 카자흐스탄 알마티 순환도로 또한, '23년 개통해 향후 16년간 운영유지관리 업무를 수행하고 있다.

이러한 도공의 독보적인 운영유지관리(O&M) 실적을 발판삼아 도공을 포함한 K-컨소시엄이 최근 수주한 튀르키예의 나카스~바삭세히르 도로 투자사업은 지난 10월 글로벌 금융 전문 매체인 런던 PFI(Project Finance International)가 주관하는 2024 PFI Award에서 인프라 부문 최우수상인 "Global Infra Deal of the Year"에 선정되었다. 본 사업은 총사업비약 2조1천억 원 규모로 도공이 참여한 해외 투자사업 중 역대 최대 수준으로 해당 사업의 지분투자뿐만 아니라 건설 이후 15.5년 동안 운영유지관리에 참여할 예정이다.

도공은 2025년까지 해외사업 누적 수주 1조원 달성을 계획하고 있으며, 이를 통해 중장기 목표인 1,000km 이상의 해외도로 운영과 연 매출 1,500억원 달성을 위해 노력하고 있다.

향후 과제

한국의 해외건설 산업이 1조 달러를 넘어 새로운 도약을 이루기 위해서는 몇 가지 과제를 해결해야 한다.

첫째, 기술혁신을 통해 글로벌 시장에서의 차별화를 이루어야 한다. 디지털 트윈, 스마트 건설, 탄소중립 기술 등 4차 산업혁명 기술을 적극적으로 도입해 시장 변화에 선제적으로 대응해야 한다.

둘째, 금융지원과 위험관리 체계를 강화해야 한다. 해외건설은 대규모 자본이 투입되고, 수익창출까지 긴 시간이 걸리며, 정치·경제적 불확실성이 높은 만큼 안정적인 금융지원과 리스크 관리를 위한 체계적 전략이 필수적이다. 이를 위해 정부의 공적자금 등 지원 및 정부간 협력(G2G) 확대가 반드시 필요하다.

셋째, 인력 양성과 국제 네트워크 구축에 집중해야 한다. 글로벌 시장에서의 경쟁력을 지속적으로 유지하려면 전문성을 갖춘 인재양성과 협상력 강화를 위한 해외 주요 발주처간 전략적 네트워크도 강화해야 한다.

미래의 해외 건설시장은 단순 인프라 건설을 넘어, 투자개발형 사업과 같은 고부가가치 모델 확대를 통해 시장 선도자로서의 입지를 강화해야 한다. 이를 통해 1조 달러의 성과를 넘어 새로운 목표를 향해 나아갈 수 있을 것이다.

5. 봄 행락철 맞아 안전운전으로 사고예방 (25.5.7, 서울경제)

봄철 나들이가 활발해지면서 도로 위 위험도 그만큼 증가하고 있다. 졸음운전, 2차 사고, 화물차 사고 등 반복되는 교통사고는 개인의 불행을 넘어 사회·경제적 손실로 이어진다. 따라서 교통안전은 더 이상 선택의 문제가 아닌 사회 전체가 실천해야 할 공동의 책임이다.

우리 사회는 오랜 시간 교통안전에 힘써왔다. 하지만 여전히 한해 수천 명이 교통사고로 목숨을 잃고, 사회적 손실은 수십조 원에 달한다.

교통사고를 줄이기 위해서는 엄격한 법 집행이 이뤄져야 한다. 음주·난폭운전, 과속에 대한 단속을 강화하고, 처벌 수위를 현실에 맞게 조정하는 제도적 정비는 기본이다. 여기에 인공지능 등 첨단기술을 활용한 인프라 구축, 지역 특성·계층을 고려한 교통안전 정책 개발도 뒷받침되어야 한다.

하지만 아무리 제도와 기술이 정교해져도 그것만으로는 충분하지 않다. 우리 사회의 교통문화 자체가 성숙해져야 한다. 전 좌석 안전띠 착용, 충분한 휴식, 안전거리 확보, 방향지시등 사용의 생활화, 보행자 우선 존중 같은 기본적인 행동이야말로 진정한 안전 사회의 출발점이다.

졸음운전은 이를 여실히 보여준다. 졸음운전은 단 1초의 방심만으로도 대형 사고로 이어질 수 있다. 특히 차량이 시속 100㎞로 달리는 고속도로에서는 피해가 더욱 심각해진다.

충분한 수면 없이 운전대를 잡는 것은 도로 위에서 눈을 감고 걷는 것과 다르지 않다. 장거리 운전 시에는 최소 2시간마다 휴게소나 졸음쉼터에서 휴식을 취하고, 필요시 짧은 낮잠이나 스트레칭을 통해 집중력을 회복하는 것이 필수다.

2차 사고에도 각별한 주의가 필요하다. 2차 사고 치사율은 54%로 일반 사고에 비해 6.5배나 높다. 대부분의 2차 사고는 상황 발생 직후 차량에 남아 있거나 도로 위에 서 있는 잘못된 대응으로 발생한다.

운전자가 가장 먼저 해야 할 일은 신속하게 차량과 도로에서 벗어나 안전지대로 대피하는 것이다. 고속도로에서는 비상 행동 요령의 앞 글자를 딴 '비트밖스'를 기억하자. 비상등을 켜고, 트렁크를 연 뒤 밖으로 대피 후 스마트폰으로 신고하는 실천만으로도 생명을 지킬 수 있다.

화물차 사고 예방도 중요하다. 화물차 운전자의 안전 확보는 물류 효율과도 직결된다. 실제 과속, 과적, 졸음운전은 대형 사고의 주요 원인일 뿐만 아니라 도로 훼손, 물류 지연 등 간접비용 증가로 이어진다.

반면 적재물 고정 확인, 규정 속도 준수, 정기 정비, 충분한 휴식 등 기본 수칙을 지키는 일은 운전자 본인의 안전을 지키고, 기업의 비용 절감과 산업 전반의 신뢰를 높이는 길이다.

최근 증가하고 있는 ACC(적응형 순항제어 장치) 사고에도 유의해야 한다. ACC는 앞차와의 거리를 유지하며 운전자가 설정한 속도로 주행하도록 도와주는 보조 장치일 뿐 돌발 상황이나 도로, 날씨에 따라 사용에 제한적일 수 있다.

장비에 의존하는 순간 위험은 오히려 커진다. 따라서 ACC 작동 제한 상황을 미리 숙지하고, 기능 사용 중에도 항상 운전대를 잡고 전방을 주시해야 한다.

이 모든 안전의 기초는 차량 점검에서 시작된다. 출발 전 타이어 상태, 브레이크 작동 여부, 냉각수와 엔진오일 확인만으로도 많은 사고를 예방할 수 있다. 사고의 고통을 생각하면 준비에 들어가는 시간과 비용은 큰 게 아니다.

결국 도로 위 안전은 기술과 단속도 중요하지만 우리가 어떤 문화와 태도로 운전하느냐에 달려있다. 유비무환(有備無患), 준비가 되어 있으면 걱정할 일도 없다. 교통안전을 삶의 습관으로 체화할 때 기술과 정책의 효과는 극대화될 것이다.

나들이의 최종 목적지는 집이다. 오늘도 서로를 배려하는 마음으로 안전 운전해주길 바란다.

6. 안전한 고속도로 유지와 미래세대 부담 완화를 위해
(25.5.14, 서울경제)

1968년 경인선 건설로 시작된 우리나라 고속도로의 역사는 60년을 향하고 있다. 당시 총연장 30㎞에 불과했던 고속도로는 오늘날 5천㎞를 넘어 양과 질 모두 눈부신 발전을 이뤘다.

우리에게 고속도로는 단순한 길이 아니다. 사람과 물류, 산업과 경제를 연결하는 국가의 대동맥이자 지역 균형발전의 혈관이다. 그렇기에 고속도로의 안전성과 지속 가능성은 아무리 강조해도 지나치지 않다.

이러한 관점에서 고속도로의 신설·확장, 유지관리, 편의시설 구축 및 운영, 기술개발을 위한 재원 확보와 투자는 필수적이다. 그리고 그 핵심 수단 중 하나가 물가상승률을 반영한 통행료 조정이다.

그러나 고속도로 통행료는 2015년 이후 10년째 동결된 상태이다. 2024년 기준 통행료 수입은 원가의 79.7%에 불과하며, 이로 인한 한국도로공사의 부채는 41조 원을 넘어섰다. 이는 사회간접자본 공기업 중 한국토지주택공사에 이어 두 번째로 많은 수준이다. 하루평균 31억 원에 달하는 이자 부담과 함께 부채비율은 2018년 80.8%에서 2024년 91.0%로 상승했고 2028년에는 100%를 초과할 것으로 전망된다.

공공기관의 부채비율 안정화 등 재무 건전성의 중요도가 높아지는 추세에서 노후시설의 유지보수와 필수 안전 투자가 제때 이뤄지지 못하는 상황에 대한 우려도 커지고 있다.

특히 우리 고속도로는 1970년대 중반 이후 집중적으로 건설된 탓에, 30년 이상 된 노후시설이 급격히 늘어나고 있다. 실제로 2016년에 비해 2024년 노후 포장 비율은 2.3배, 구조물 비율은 9.2배 증가했으며, 2030년에는 각각 전체의 47%, 24%에 이를 것으로 예상된다.

이 같은 노후화는 안전에 심각한 위협 요인이 된다. 여기에 기후변화로 인한 자연재해까지 더해져 도로와 구조물의 안전성은 더욱 위협받고 있어 통행료 조정의 당위성은 날로 커지고 있다.

수도권 및 대도시권의 극심한 교통혼잡 해소를 위한 재원도 필요하다. 도로 용량 확충, 선형 개량 등은 단순히 차량 흐름을 원활하게 하는 문제를 넘어 경제적 손실을 줄이고 탄소배출을 감축하며, 국민의 이동권을 보장하는 핵심 사업이기 때문이다.

이와 함께 자율주행차, 도심항공교통 등 신기술의 등장은 첨단 교통서비스와 안전·기술이 융합된 플랫폼, 쾌적한 휴게소, 긴급상황 대응체계 구축 등 새로운 인프라 투자에 대한 수요가 증가하고 있다.

무엇보다 통행료 조정은 미래세대에 대한 투자이다. 한국은행이 지난해 6월 발표한 BOK 이슈노트에 따르면, 공공요금 인상 억제는 단기적으로 물가 상승을 억제해 현세대의 경제적 부담을 덜어주는 효과가 있지만, 그로 인한 재정 부담은 미래 세대에게 전가되어 세대 간 불평등을 초래할 수 있다.

한은은 보고서에서 전기·도시가스 요금을 주요 사례로 들었지만, 이는 고속도로 통행료에도 그대로 적용된다. 물가안정 위주의 요금정책과 이로 인한 공기업의 적자 누적은 공공 서비스의 질과 양 모두를 제약하고, 결국 지속 가능성이라는 더 큰 공익 가치를 위협하는 결과로 이어진다.

현재의 비용을 미래세대에 떠넘기지 않는 것은 우리 세대의 책무이다. 그런 점에서 공공 인프라의 재정 건전성을 확보하고 미래 세대에게 건강한 사회 자산을 물려주기 위한 통행료 조정은 피할 수 없는 선택이다.

이제 장기적이고 합리적인 통행료 조정에 대한 고찰을 시작해야 한다. 미래세대를 생각하는 성숙한 시민의식과 투명하고 공정한 방식으로 물가상승률 등을 감안하여 통행료를 정기적으로 조정할 수 있는 체계적인 법제화도 뒷받침 되어야한다.

우리 모두의 안전과 미래를 위해 과감한 결단이 필요할 때이다. 통행료 조정은 그 첫걸음이 될 것이다.

7. 민관협업으로 K-도로 세계화 (25.5.21, 서울경제)

한국의 도로 산업은 고도성장기에 국가 기반 시설 확충의 역할을 넘어 이제는 첨단 디지털 기술과 지속 가능성, 글로벌 파트너십을 중심으로 진화하고 있다. 특히 고속도로 건설과 운영관리 분야에서 쌓아온 기술력과 경험은 세계 속에 K-도로의 우수성을 각인시키고 있다.

이 흐름의 한복판에 한국도로공사가 있다. 현재 도공은 15개국에서 23개 사업을 추진 중이다. 도공의 초기 해외사업은 단순 시공감리 위주의 용역이 주를 이뤘지만, 지금은 투자개발(PPP), 운영유지관리(O&M) 등으로 무게중심이 옮겨가고 있다. 그 결과 5천410억 원의 해외 누적 수주를 기록하며 민간기업의 해외 진출을 견인하는 플랫폼 역할을 하고 있다.

방글라데시 파드마대교 및 N8 고속도로 운영 사업이 대표적이다. 이 사업은 도공이 보유한 스마트톨링, 지능형 교통시스템(ITS), 유지보수 기술을 현지에 성공적으로 적용한 첫 사례다.

또 첫 해외 PPP 사업인 카자흐스탄 알마티 순환도로는 도공의 중장기 수익 모델이 되고 있다. 특히 최근에 수주한 튀르키예 나카스-바삭세히르 고속도로는 총사업비 2조 1천억 원 규모의 도공 최대 해외 투자사업으로 2024년 세계적 금융 전문 매체인 PFI(Project Finance International) 어워드에서 '올해의 DEAL'로 선정되며 K-도로의 위상을 한층 더 높였다.

이와 같이 도공은 민간의 기술과 경험을 연계하며 해외사업 수주를 견인하고, 해당 국가들과 장기적인 파트너십을 구축해 나가고 있다.

오늘날 민관 협업은 세계 시장에서 필수적이다. 특히 도로 산업은 단순 시공 중심의 사업이 줄어들고 자율주행, ESG 기반 스마트 도로 등 새로운 수요가 빠르게 창출되고 있어 민관 협업 없이 경쟁에서 살아남기 어렵다. 이러한 시기에 도공이 민간과 함께 실증한 스마트 고속도로, ITS 기술, 하이패스 무정차 요금 시스템 등은 이제 한국형 도로 운영모델의 수출 콘텐츠로 자리 잡고 있다. 이른바 '원팀 코리아' 전략이 도로 산업에서 실현되고 있는 셈이다.

그러나 현재까지의 성과에도 불구하고 현실은 녹록지 않다. 해외사업은 금융 조달 문제, 현지 정치·법적 리스크, 장기 운영의 불확실성 등의 난관이 있으며, 이를 민간 단독으로 감당하기에는 한계가 있다.

지금이야말로 '원팀 코리아' 체계를 고도화할 때이다. 공공이 시장을 열고 민간이 경쟁력을 더하며, 정부가 정책과 외교력으로 뒷받침하는 삼각 축이 정교하게 맞물려야 한다. 이와 함께 국제기구와 금융권과의 협력, 현지 맞춤형 운영모델 개발 등 중장기 전략 수립도 병행되어야 한다.

올해 도공의 목표는 해외 누적 수주 1조 원 달성이다. 이를 위해 도공은 기획, 설계, 시공, 운영, 유지관리 전 과정을 아우르는 통합적 수주 모델을 창출하고, 세계적 수준의 PPP 사업에서 디벨로퍼(Developer) 역할을 강화함으로써 K-도로 세계화에 박차를 가할 예정이다.

기술적 측면에서도 드론 기반의 구조물 점검, 디지털 트윈을 활용한 도로 자산관리, 스마트 교량 유지보수 등 4차 산업혁명 기술을 적극 도입하고, 브라운필드 방식의 운영권 지분 인수, 정부 간 협력(G2G) 등 다양한 형태의 해외 진출을 모색해 나갈 것이다.

또 현장 중심 경영을 통해 현지 정부·기업과의 협력을 강화하고, 미국, 유럽, 국제도로연맹 등과의 네트워크를 확대할 계획이다.

K-도로는 기술로만 완성되지 않는다. 정부를 포함한 경제 공동체가 각자의 역할을 다하며 함께 움직일 때 가능하다. 도공은 그 현장의 중심에서 실천하고, 성과로 증명하며, 더 나은 미래를 만들기 위해 공기업으로서의 책무를 다해나갈 것이다.

8. 독서로 성장하는 기업 (25.5.28, 서울경제)

국토의 70%가 산지로 덮여 있고 천연자원이 풍부하지 않은 대한민국은 인적자원을 기반으로 경제성장을 이루어 냈다. 근면하고 성실한 국민성과 높은 교육 수준은 이러한 척박한 조건을 극복하고, 세계 속 한국의 위치를 끌어올리는 원동력이 되었다.

디지털 전환과 인공지능의 확산으로 산업과 기업환경이 빠르게 재편되고 있는 오늘날에도 '사람 중심의 성장'은 유효하다. 4차 산업혁명은 기술의 진보를 넘어 산업구조와 일하는 방식의 변화를 요구하고 있지만 문제를 정의하고 해결책을 제시하는 일은 여전히 사람의 몫이기 때문이다.

특히 반복적이고 정형화된 업무는 기계가 대체할 수 있지만 예외 상황에서의 유연한 판단, 창의적 사고, 윤리적 판단은 인간만이 수행할 수 있는 고유한 역할이다. 결국 혁신의 출발점은 언제나 사람이며, 미래를 선도하는 동력 또한 사람에게서 비롯된다.

기업은 변화에 민감하게 대응하고, 스스로 학습하며 성장하는 '참신(斬新)한 인재'를 원한다. 하지만 그런 인재는 하루아침에 길러지지 않는다. 참신이라는 단어가 시사하듯, 인재는 낡은 사고의 틀을 과감히 벗어나 새로운 길을 모색하는 자기혁신과 배움의 결과물이기 때문이다.

인재는 수직적인 조직이 아니라 자율과 존중의 문화 속에서 자란다. 상하 간 자유로운 소통이 가능하고, 구성원의 의견이 조직의 발전을 이끄는 에너지로 작용할 수 있는 환경이 뒷받침되어야 한다.

이러한 관점에서 한국도로공사는 '사람 중심'의 경영철학을 바탕으로 독서와 배움의 문화를 지속 가능한 성장축으로 삼고 있다.

도공은 2023년 김천 본사에 '길벗 열린 도서관'을 개관하고, 이 공간을 직원뿐만 아니라 지역사회에 개방했다. 사무실과 휴게공간 곳곳에도 생활

밀착형 도서 코너를 마련하고, 책 읽는 정원(庭園)도 조성해 누구나 일상에서 자연스럽게 책을 접할 수 있도록 했다.

여기에 더해 CEO 추천 도서와 이달의 책 전시, 명사 초청 특강, 북 콘서트, 전자책·오디오북 기반의 전자도서관 운영 등 다채로운 프로그램을 통해 지식과 경험을 나누는 소통의 문화를 만들어 가고 있다.

이 같은 노력은 조직 안에 머무르지 않고 고속도로 휴게소에 도서 코너를 마련하거나 지역사회와 연계한 독서캠페인을 전개하는 등 책 읽는 사회문화 확산에 기여하고 있다.

독서는 자신을 성찰하게 하고, 타인의 생각을 이해하는 힘을 길러준다. 또한 문제를 다른 관점에서 바라보는 사고의 확장성과 창의성을 키우는 데도 효과적이다. 도공의 독서문화는 직원 개인의 역량 강화 차원을 넘어 조직 전체의 문제 해결 능력과 혁신 역량을 높이는 중요한 기반이 되고 있다.

아울러 도공은 디지털 기반의 미래 도로 환경에 대비해 드론, 스마트 건설기술 등 첨단 분야 인재 양성에도 힘을 쏟고 있다. 실제 현장 중심의 직무교육과 기술 연계형 학습을 통해 미래형 전문인력을 지속적으로 육성하고 있다.

사람을 키우는 조직이야말로 경쟁력 있는 기업이다. 자본과 기술은 외부에서 조달할 수 있지만, 사람은 그렇지 않다. 따라서 독서를 통한 사고력 증진과 자율적 학습 역량은 이제 선택이 아닌 필수다.

앞으로도 도공은 고속도로 건설 및 유지관리 기관을 넘어 사람을 키우는 '지식 플랫폼'의 역할을 다하고자 한다. 인재가 성장하고, 지식이 순환하며, 혁신이 자연스럽게 스며드는 조직을 만드는 것. 이것이 곧 공기업으로서 사회에 이바지하고 지속 가능한 미래로 나아가는 길이라 믿는다.

변화의 중심에 사람이 있는 한, 사람을 향한 투자는 헛되지 않을 것이다.

9. 미래 고속도로의 새로운 표준 (25.6.4, 서울경제)

4차 산업혁명은 사회 전반의 패러다임을 바꾸고 있다. 인공지능(AI), 빅데이터, 자율주행, 도심항공교통(UAM) 등 첨단 기술이 빠르게 발전하며 산업의 경계가 허물어지고 있다.

이러한 기술의 물결은 도로 산업에도 혁신을 요구하고 있다. 과거 단순한 물리적 이동의 공간이었던 도로는 이제 사람과 차량, 차량과 도로를 연결하는 '스마트 플랫폼'으로 진화하고 있다.

고속도로는 이 변화의 중심에 있다. 단지 빠르게 달리는 길이 아니라 기술이 흐르고 산업이 융합되는 공간으로 재정의되고 있다. 한국도로공사는 이러한 흐름 속에서 4차 산업혁명 기술을 적극 도입하며, 고속도로의 미래를 다시 쓰고 있다.

우선, 자율주행차 시대에 대비한 인프라 구축을 본격화하고 있다. 전국 주요 고속도로에 지능형 교통 시스템을 확대 구축하고, 실시간 통행 정보 제공과 AI 기반 교통 제어 기술을 통해 안전하고 효율적인 주행 환경을 만들어 가고 있다.

유지관리 분야에서도 디지털 기술이 현장에 빠르게 적용되고 있다. 디지털 트윈 기반의 유지관리 시스템을 도입하여 도로 시설물의 생애주기 전반을 데이터 기반으로 관리하고 있다. 또한 AI를 활용한 도로 파손 탐지 기술을 통해 사전에 위험을 확인하고, 드론을 활용한 정밀 점검으로 광범위한 구간을 빠르고 정확하게 진단한다. 여기에 로봇을 활용한 시설물 유지관리까지 더해지면서 고속도로 전 부문에 걸쳐 디지털화와 무인화가 진행되고 있다.

더 나아가 도로공사는 다양한 미래형 모빌리티와의 연계를 준비하고 있다. 대표적인 사례가 UAM과 K-MaaS(Korean Mobility as a Service)이다. 도로공사는 고속도로 주변에 UAM 이착륙장을 연계할 수 있는 복합 교통 허브 조성을 계획하고 있으며, 다양한 이동 수단을 하나의 통합 서비스로 연결하는 K-MaaS 생태계 구축에도 적극 참여하고 있다.

전기차·수소차 충전 인프라 확충 등도 함께 추진되며, 고속도로는 도로를 넘어 하늘과 지상, 교통과 데이터가 유기적으로 융합되는 통합 플랫폼으로 진화 중이다.

이러한 미래 고속도로 구축 과정은 공공 부문에 국한되지 않는다. 도로공사는 다양한 민간 기업들과의 협력을 통해 첨단 기술을 실증하고, 현장에 적용하는 '테스트베드' 역할을 수행하고 있다.

특히 중소기업의 우수 기술을 발굴하고 실증할 수 있도록 마련한 '도공 기술마켓'은 공공과 민간이 함께 성장하는 대표적 개방형 혁신 모델로 평가받고 있다. 현재 자율주행 인프라, 스마트 유지관리 시스템, 친환경 소재 등 다수의 프로젝트에 민간 기술이 접목되고 있으며, 이는 우리 기업의 기술혁신과 글로벌 경쟁력 강화에 실질적인 기여를 하고 있다.

환경·사회·지배구조(ESG) 측면에서도 변화가 뚜렷하다. 도로공사는 탄소중립 실현을 위한 친환경 도로 기술 개발, 에너지 절감형 교통운영 시스템 도입, 환경을 고려한 녹색 인프라 조성 등에 앞장서고 있다. 이러한 노력은 지속 가능한 미래 교통 환경 구축뿐만 아니라 공공기관의 사회적 책임을 실천하는 구체적인 방식이기도 하다.

오늘날 고속도로는 '달리는 길'에서 '연결의 공간'으로, '교통 인프라'에서 '기술과 산업의 플랫폼'으로 변모하고 있다. 도로공사는 이러한 시대적 전환 속에서 미래 고속도로의 새로운 표준을 제시하고 있으며, 교통을 넘어 산업과 삶의 혁신을 이끄는 공공 리더십을 실현해 가고 있다. 기술이 달리는 길, 산업이 성장하는 길을 열어가는 혁신의 여정을 관심 있게 지켜봐 주길 바란다.

10. 아름다운 고속도로 경관 조성 (25.6.11, 서울경제)

이제 고속도로는 빠른 길이라는 이유만으로는 국민의 선택을 받을 수 없다. 인구는 줄고 차량 증가도 정체 상태다. 고속도로는 국도, 지방도에 비해 빠른 주행환경과 안전 편의시설을 제공하지만, 교통정보 제공 기술의 발전으로 운전자들의 이동 경로 선택의 폭이 넓어지고 있다. 이에 따라 유료도로로서 경쟁력을 유지하고 존재 이유를 증명하려면, 분명한 차별성과 고유의 가치를 보여주어야 한다. 그 해답은 '아름다움'에 있다.

아름다운 경관은 더 이상 부가적 요소가 아니다. 국민의 삶의 질을 높이고, 도로를 선택하게 만드는 강력한 요인이다. 또한 도로의 품격을 높이고, 지역의 관문으로서 중요한 관광자원이 되기도 한다.

한국도로공사는 1990년대 이후 '푸른 고속도로 가꾸기', '로화수(路花樹) 1000 프로젝트' 등 경관 개선 사업을 꾸준히 펼쳐왔다.

최근에도 사계절 내내 아름다운 경관을 제공하기 위해 도로변, 나들목 등에 꾸준히 꽃과 나무를 심고 있다. 봄이면 벚꽃, 산수유가 장관을 이루고, 여름에는 나라꽃 무궁화가 100일간 피어난다. 가을의 단풍, 겨울의 설경까지 도로는 계절을 품은 전시장이 된다. 대표적으로 경부고속도로 신탄진휴게소 벚꽃-개나리 꽃길, 중부내륙고속도로 상주나들목 벚꽃길은 봄꽃 명소다.

도로변 야생화 화단도 운전자의 눈을 즐겁게 한다. 개화 시기가 다른 30여 종의 야생화를 순차적으로 심어 계절의 변화를 시각적으로 체감할 수 있도록 했다. 이러한 경관은 운전자에게 심리적 안정감을 주고 졸음운전 예방 등 안전에도 기여하고 있다.

또한, 고속도로는 지역의 정체성과 문화를 보여주는 공간이기도 하다. 도로공사는 지자체와 협력해 경계 지역에 해당 지역을 상징하는 수목을 심고, 조형물과 안내표지도 설치하고 있다. 지난해에는 10개 지자체와 함께했으며, 올해는 17곳으로 확대 중이다. 또한 '고속도로 공공디자인'을 통해 국민의 상상력이 담긴 아이디어를 실제 도로 공간에 구현하고 있다. 주요 성과로는 성남 톨게이트 캐노피 개선, 졸음쉼터 시설물 개선 사업 등이 있다.

이처럼 지역성과 공공디자인을 융합한 경관은 문화 콘텐츠로서 주민과 운전자 모두에게 긍정적 인식을 심어주고 있다.

특히 국민이 상상하고 전문가가 설계하며 공공이 실현한 도로 경관은 관광 유인은 물론, 지역 소비 진작 등 경제적 파급력도 갖는다. 동시에 조경·디자인 분야의 일자리 창출, 지역 예술인의 참여 확대 등 문화경제 생태계로도 확장되고 있다.

아름다운 경관 조성과 지역 맞춤형 디자인은 단순한 미관을 넘어 ESG 경영의 실천이기도 하다. 공사는 국민의 삶의 질을 높이는 동시에 환경 보호, 사회적 책임, 지속 가능성을 아우르는 고속도로를 만들어 가고 있다.

실제로 생태통로와 태양광 시설 등 친환경 설계 및 기술이 접목된 고속도로는 미래세대를 위한 지속 가능한 인프라 모델이 되고 있다. 유휴부지를 활용한 미세먼지 저감 숲 조성, 지역 특성 반영한 요금소 디자인 등도 ESG 경영의 사례다.

도로공사는 고속도로 기반 ESG 실천이 산업 전반의 지속 가능성을 확산시키고, 민간 분야의 친환경 경영 전환을 유도하는 마중물이 되기를 기대한다.

정체된 기업은 생존할 수 없듯 변화하지 않는 도로는 외면을 받는다. 따라서 고속도로가 국민에게 선택받으려면 감성적 차별화를 이뤄내야 한다. 앞으로도 도로공사는 고속도로를 '머무르고 싶은 공간'으로 만들기 위한 경관 혁신과 ESG 경영에 매진할 것이다. 그것이야말로 국민 모두를 위한 투자이며, 우리가 함께 만들어 갈 지속 가능한 미래의 모습이다.

11. K-도로의 시대를 힘차게 열어갈 것 (25.6.17, 서울신문)

기술이 곧 국력인 시대다. 세계는 지금 기술 패권 경쟁에 돌입했고, 이는 단순한 산업 경쟁을 넘어 국가 경제 전략의 핵심 과제로 떠오르고 있다. 도로 산업도 예외가 아니다.

특히, 고속도로는 물류와 교통, 산업 활동의 혈관으로서 국가 경쟁력의 근간이 된다. 이러한 도로 혁신을 위해서는 공공과 민간의 긴밀한 협력이 필수적이며, 기술의 융합과 혁신 없이는 생존조차 장담할 수 없다.

한국도로공사는 이러한 흐름에 발맞춰 기술 고도화와 해외 시장 개척이라는 두 축을 중심으로 혁신을 이어가고 있다.

특히 자율주행 시대를 맞아 지능형 교통 시스템(ITS)을 확대하고, 실시간 통행 정보와 인공지능(AI) 기반 교통 제어 기술을 통해 더 안전하고 효율적인 도로 환경을 조성 중이다.

유지관리 분야에서도 대전환이 이루어지고 있다. 디지털 트윈 기술을 활용해 도로 자산을 체계적으로 관리하고 있으며, AI 기반 도로 파손 탐지, 드론 정밀 점검 등을 현장에 적용하고 있다.

미래형 모빌리티와의 연계도 가속화하고 있다. 도심항공교통과 연계한 교통 허브 조성, 한국형 통합 모빌리티 서비스인 K-MaaS 구축이 대표적이다. 이처럼 고속도로는 다양한 이동 수단과 디지털 기술이 융합된 '미래교통 플랫폼'으로 진화하고 있다.

변화의 중심에는 민관 협력이 있다. 도로공사는 중소기업의 우수한 기술을 현장에 적용하는 '도공기술마켓'을 운영하며, 개방형 혁신 생태계를 구축하고 있다. 이를 통해 자율주행 인프라, 스마트 유지관리, 친환경 소재 등 여러 분야에서 민간 기술이 활용되는 협력 모델을 실현하고 있다.

ESG 측면에서도 선도적 역할을 하고 있다. 탄소중립을 위한 친환경 도로 기술, 에너지 절감형 운영시스템, 녹색 인프라 구축 등은 공기업으로서 사회적 책임을 실천하는 대표 사례다.

세계 무대에서도 'K-도로'의 위상은 날로 높아지고 있다. 도로공사는 현재 14개국에서 22개 사업을 수행 중이며, 해외 누적 수주액은 5천410억 원을 넘어섰다. 이러한 성과는 민간과 기술·경험을 공유하고, 단순 시공을 넘어 투자개발, 운영·유지관리 등으로 사업영역을 확대한 결과다.

대표적으로, 방글라데시 파드마대교 및 N8 고속도로 운영 사업은 스마트 톨링, ITS, 유지보수 기술 등 한국의 앞선 기술력을 성공적으로 현지에 적용한 첫 사례로 평가받고 있다.

또한 튀르키예 나카스-바삭세히르 고속도로는 총사업비 2조 1천억 원 규모의 역대 최대 해외 투자사업으로 K-도로의 경쟁력을 세계에 입증했다. 이와 함께 첫 해외 투자개발 사업인 카자흐스탄 알마티 순환도로 사업은 한국형 모델의 장기적 수익성과 안정적인 운영 능력을 보여주는 중요한 이정표가 되고 있다.

이러한 해외사업은 우리의 고도화된 기술과 경험을 세계로 확산시키는 국가 전략 사업이다. 그러나 그 가치만큼이나 금융 조달, 정치·법적 위험, 장기 운영의 불확실성 등 다양한 도전이 존재한다.

따라서 지금이야말로 '원팀 코리아'를 고도화할 시점이다. 공공이 시장을 열고, 민간이 경쟁력을 더하며, 정부가 외교·정책으로 뒷받침하는 삼각 협력 구조가 정교하게 작동해야 한다.

도로공사는 올해 해외 누적 수주 1조 원 달성을 목표로 삼고 있다. 이를 위해 민간과의 기술 협력을 한층 강화하고, 기획부터 투자, 운영, 유지관리까지 전 단계에 걸친 통합 수주 모델을 발전시켜 나갈 계획이다.

이러한 노력은 한국형 도로 산업의 경쟁력을 세계로 확장해 가는 여정이다. 도로공사는 '원팀 코리아'의 중심에서 실천과 성과로 K-도로 시대를 힘차게 열어갈 것이다.

12. 혁신을 거듭하는 고속도로 휴게소 (25.6.18, 서울경제)

기업은 사회 속에서 성장하고 국민의 신뢰를 바탕으로 지속가능성을 확보한다. 하물며 국가 재정으로 운영되는 공기업이라면 그 책임은 더욱 무겁다.

한국도로공사는 고속도로를 관리하는 공기업으로서 국민에게 최상의 도로 서비스를 제공해야 한다. 특히 휴게시설은 국민과 직접 대면하는 현장이란 점에서 시대 변화에 맞는 혁신이 요구된다.

고속도로 휴게소는 1971년 대한민국 1호 휴게소인 경부고속도로 추풍령 휴게소를 시작으로 현재 211개소가 운영 중이다. 하루 평균 120만 명이 찾는 이곳은 오늘날 단순한 쉼터를 넘어 공공성, 기술혁신, 지역 상생을 담아내는 플랫폼으로 진화하고 있다.

1988년 서울올림픽, 2002년 한일월드컵과 같은 국제행사를 계기로 화장실 등 편의시설과 서비스가 꾸준히 개선되면서 휴게소는 단순 휴식 기능에서 쇼핑·문화·레저공간 등 고객 편의 중심으로 변모하기 시작했다.

먹거리 역시 크게 달라졌다. 한때 휴게소 음식은 '비싸고 맛없다'는 인식이 강했지만, 도로공사는 지역 맛집을 유치하고 동일한 조리 방식과 가격으로 음식 수준을 끌어올렸다. 현재 158개 휴게소가 이 모델을 적용 중이다. 또 알뜰 간식, 소포장 상품을 도입해 고객 선택권을 넓혔고, 가격 공시제로 휴게소 간 자율경쟁을 촉진하고 있다.

친환경 시설도 확대 중으로, 전기차·수소차 충전소와 태양광 발전 등 재생에너지 설비를 확충해 '에너지 자립 고속도로'를 실현하고 있다.

스마트 주문 시스템, 무인 매장, 조리·서빙 로봇 도입 등 기술혁신도 주목할 만하다. 남한강휴게소는 대표적 사례로, 이곳은 도심항공교통(UAM) 실물 모형, 가상현실 체험관, 홀로그램 전시를 통해 고객이 미래 모빌리티 환경을 직접 체험할 수 있게 구성되었다.

또한 휴게소는 고급화된 지역 명소로 변모 중이다. 올해 개장한 처인휴게소는 본선 상공에 반지형 건축물을 설치하고, 고급 식당과 카페를 갖춘 명품 휴게소로 조성되었다. 이는 디자인과 콘텐츠로 경쟁하는 휴게소의 진화를 보여주는 상징적 사례다.

이 같은 변화는 민간 협업을 통해 가속화되고 있다. 과거 단순 임대 방식에서 벗어나 민간의 창의성과 자본을 적극 유치한 결과, 새로운 형태의 휴게소가 탄생하고 있다. 도로공사는 이러한 성과를 바탕으로 노후 휴게소에 대한 민간협업 개발도 추진한다.

휴게시설은 지역 상생의 플랫폼이기도 하다. 다수의 휴게소에 농산물 직거래장터, 청년 창업 매장이 입점해 지역 경제에 활력을 불어넣고 있다. 또 일반도로를 통해 이용할 수 있는 개방형 휴게소는 지역문화와 관광자원을 고속도로와 연결하는 성장 모델로 자리 잡고 있다.

주유소 혁신도 함께 이루어지고 있다. 전국 190개소 주유소의 화장실을 현대화하고, 주유 장면을 실시간 확인할 수 있는 첨단시스템도 도입했다.

특히 지난 2014년 도입된 고속도로 주유소 브랜드 'ex-oil'은 철저한 품질·정량 관리로 지난 10년간 고객이 절감한 유류비용만 1조 원에 이른다.

이 모든 변화의 중심에는 도로공사의 핵심 가치인 '안전·혁신·공감·신뢰'가 있다. 안전은 모든 서비스의 출발점이며, 혁신은 공공의 지속 가능성과 민간 성장을 견인하는 동력이다. 공감은 국민 눈높이에 맞는 변화의 방향을 제시하고, 신뢰는 그 성과를 평가받는 기준이 된다.

앞으로 휴게소는 기존 이동 수단은 물론 UAM 등 미래 교통 체계까지 수용하는 거점으로 진화할 것이다. 도로공사는 국민 삶의 질을 높이고, 국가와 지역 발전을 위한 공공 혁신의 길을 멈추지 않겠다.

13. 디지털 전환으로 미래 교통을 열다 (25.6.19, 전자신문)

동화 '거울 나라의 앨리스'에서 붉은 여왕은 "끊임없이 달려야만 제자리에 머물 수 있다"고 말한다. 여기에서 유래한 '붉은 여왕의 가설(Red Queen Hypothesis)'은 기술 환경이 급변하는 디지털 시대에 우리가 멈추는 순간 뒤처질 수밖에 없음을 시사한다.

우리는 지금 인공지능(AI), 빅데이터, 클라우드, 사물인터넷(IoT) 등 혁신 기술이 사회 전반을 바꾸고 있는 '디지털 혁명'의 한가운데에 있다. 교통 인프라도 마찬가지다. 혁신 기술은 이미 세계 교통 인프라의 새로운 기준이 되었고, 국가성장의 중요한 축이 되고 있다.

실제 글로벌 시장조사업체인 주니퍼 리서치(Juniper Research)에 따르면, 2025년까지 스마트 교통 관리 시스템을 통한 글로벌 비용 절감액은 2천770억 달러에 이를 것으로 전망된다. 이는 '디지털 전환(DX, Digital Transformation)'이 단순한 기술 도입을 넘어 성장과 생존의 문제임을 잘 보여준다.

더욱이 해외 사례는 이러한 변화를 실감하게 한다. 미국 피츠버그는 AI 기반 교통 신호시스템 도입을 통해 통행 시간을 25% 단축하고, 차량 배출가스를 21% 줄였다. 영국 M42 고속도로에 적용된 스마트 시스템은 사고 건수를 월평균 5건에서 1.5건으로 감소시켰다.

일본의 사례는 DX의 경제적 필연성을 방증하는 대표적 예다. 일본은 도로 노후화와 인구 감소에 직면해 통행료 징수 기간을 2115년까지 연장했으며, 앞으로 30년간 국내총생산(GDP)의 절반인 280조 엔이 유지관리에 투입될 것으로 추산된다.

일본과 유사한 문제를 안고 있는 우리나라도 향후 급증할 유지관리 수요와 재정 부담에 선제적으로 대응할 필요가 있다. 특히 한국은 고속도로 인프라 노후화에 더해, 기후변화로 인한 자연재해가 빈번해지며 시설 피해가 빠르게 늘어나고 있다.

실제로 국내의 도로 파임(포트홀) 발생 건수는 지난 2019년 3천717건에서 지난해 4천992건으로 늘었고, 피해 보상액도 같은 기간 6.46억 원에서 41억 원으로 6배 넘게 증가했다. 이는 기존 아날로그 방식으로는 늘어나는 재난과 유지관리 수요를 감당하기 어려운 현실을 여실히 드러낸다.

건설 산업 전반의 구조적 한계도 DX의 필요성을 뒷받침한다. 그동안 국내 건설 산업은 GDP에서 높은 비중을 차지하며 경제 성장을 견인했지만, 노동 생산성은 선진국의 3분의 1 수준에 머물며 지난 10년간 하락했다. 실제 한국건설산업연구원에 따르면 2011년부터 2021년까지 건설 산업의 노동 생산성 지수는 104.1에서 94.5로 감소했고, 이는 디지털화 지연과 무관하지 않다.

이러한 변화에 능동적으로 대응하고 경쟁력을 확보하기 위해서는 DX의 속도를 한층 더 높여야 한다. 이에 정부는 제7차 건설기술진흥기본계획을 통해 DX를 국가적 과제로 명확히 설정했으며, 한국도로공사도 지난 2023년 디지털본부를 신설하여 기반을 만들고, 이달 18일에는 '새로운 가치를 더하는 길, 디지털 EX'라는 비전을 선포했다.

그리고 이를 실행하기 위한 ▲디지털 전환 거버넌스 강화 ▲일하는 방식 혁신 ▲디지털 신기술 도입 기반 마련 ▲국민 공감 도로교통 DX 서비스 제공 등 4대 전략목표를 제시했다.

이 전략 아래 도로공사는 다양한 디지털 기술과 데이터 기반 행정을 현장에 적용해 성과를 내고 있다. IoT 센서를 활용한 스마트 제설 관리시스템은 제설제 살포를 자동화함으로써 작업시간을 30분 단축했고, AI 기반 CCTV 분석 시스템은 적재 불량 차량의 단속 건수를 4.7배 늘려 낙하물 사고를 30.2% 감소시켰다. 또한, 도로공사가 타공공기관 및 민간기업과 데이터를 공유·활용해 공동 개발한 졸음사고 예방앱으로 144만회의 휴식을 유도하며 졸음운전을 13% 줄인 성과는 국민의 생명과 재산을 지키는 대표적 데이터 기반 행정 사례로 꼽힌다.

드론과 라이다(LiDAR) 센서를 활용한 시설물 자동 점검 시스템은 접근이 어려운 교량의 점검 효율을 높였으며, AI 기반 스마트 시설물 관리 시스템은 유지관리 비용을 30% 절감했다. 또 생성형 AI 기술을 통해 점검 결과 보고서 작성을 자동화해 인력 부담을 줄이고 대응 속도를 높였다.

정밀 도로지도를 기반으로 스마트 도로통합 플랫폼도 구축 중이다. 이를 통해 시설물의 좌표 기반 관리와 생애주기별 데이터 통합이 가능해졌고, 연간 약 67억 원의 편익이 발생하고 있다. 또한 민자 및 재정 고속도로의 통합 요금 정산 시스템을 통해 연간 약 60억 원의 사회적 편익을 창출했다.

이와 함께 도로공사는 자율협력주행 인프라 확충, K-MaaS 기반 통합교통서비스 플랫폼 운영, 도심항공교통(UAM) 인프라 구축, 스마트 물류센터와 복합환승센터, 지하 고속도로 등 미래 교통을 위한 기반을 확대하고 있다.

과거에는 아날로그 도로망이 국토를 연결했다면, 이제는 데이터 하이웨이 위에서 더 안전하고 효율적인 교통 생태계를 구현해야 할 때이다. 이를 위해 도로공사는 전사적 데이터 거버넌스를 확립하고, AI·클라우드 인프라를 강화하며, 개방형 교통 빅데이터 플랫폼 고도화에 박차를 가하고 있다.

DX는 더 이상 선택이 아닌 필수다. 앞으로도 도로공사는 끊임없는 혁신을 통해 미래 교통의 문을 선도적으로 열어갈 것이다. 그 여정에 국민의 지속적인 관심과 성원을 기대한다.

14. 다가올 장마철과 휴가철 대비 안전 운전 (25.6.25, 서울경제)

푸른 하늘과 뜨거운 햇살이 여행을 부르는 계절, 여름이 다가오고 있다. 일상을 벗어나 가족과 함께 떠나는 여행은 삶의 활력소가 되지만 많은 차량이 몰리는 고속도로에서는 사고위험이 커질 수밖에 없다.

여기에 많은 비가 내리는 장마까지 겹치면 도로 상황은 더욱 복잡해지고, 작은 부주의가 큰 사고로 이어질 수 있다.

교통안전은 국가 경제의 효율성과 직결되는 중요한 과제다. 대형 사고는 인명 피해는 물론 장시간 정체를 유발해 물류 지연과 산업생산 차질 등 경제 전반에 큰 영향을 미치기 때문이다. 그러나 이러한 사회적 손실은 도로의 구조적 개선과 운전자의 주의로 상당 부분 예방할 수 있다.

이에 따라 한국도로공사는 고속도로 사고 취약 구간을 중심으로 도로포장 상태 점검, 배수시설 개선, 스마트 관제시스템 운영 등 선제적인 안전대책을 추진하고 있다. 특히 장마철을 앞두고는 수막현상 방지를 위한 노면 정비, 낙석·산사태·침수 취약지 보강 등 사전 대비를 강화하고 있다.

또한 빅데이터 기반의 사고 예측과 돌발 상황 모니터링, 기상·도로 정보 안내 고도화를 통해 운전자의 안전 운행을 지원하고 있다. 휴게소와 졸음쉼터의 안전시설도 꼼꼼히 점검하고 있으며, 무더위에 대비한 냉방시설과 응급의료 대응 체계도 보완하고 있다.

민관협업도 확대하고 있다. 내비게이션 플랫폼과의 데이터 연계, 사고유형 분석, 실시간 교통정보 공유를 통해 안전 관련 서비스의 신속성과 정확도를 높이고 있다.

그러나 아무리 도로가 잘 정비되어 있어도, 결국 사고를 막는 가장 큰 힘은 운전자 개개인의 안전의식에서 비롯된다. 기술이 발전해도 핸들을 잡은 순간 모든 책임은 사람에게 돌아온다. 많은 교통사고가 스마트폰 조작, 졸음운전, 무리한 차선 변경 등 운전자의 부주의로 인해 발생한다. 고속도로에서는 이러한 실수가 대형 사고로 이어질 수 있음을 명심해야 한다.

운전자는 속도를 줄이며, 전조등을 켜고, 차간거리를 충분히 확보해야 한다. 특히 빗길은 수막현상으로 인해 제동거리가 늘어나므로 감속 운전이 중요하다. 출발 전에는 타이어와 냉각수를 점검하고 내비게이션의 돌발정보 알림도 반드시 켜두는 것이 좋다.

화물차 운전자의 경우 적재 불량으로 인한 사고에 특히 유의해야 한다. 낙하물은 2차 사고로 이어져 큰 인명 피해를 유발할 수 있고, 사고 처리에 오랜 시간이 걸려 광범위한 정체를 초래하기 때문이다.

과적 또한 제동력 저하와 차체 불안정을 유발해 터널이나 교량에서는 연쇄 추돌사고의 위험성을 높인다. 이에 적재 중량 준수와 제동장치 점검은 운전자 개인의 의무이자 도로 위 모두를 위한 사회적 책임이라 할 것이다.

이러한 노력이 쌓이면 사고는 줄고, 유지보수 비용도 절감되며 고속도로 운영의 효율성은 더욱 높아진다. 궁극적으로는 국민의 생명과 안전을 지키는 것은 물론, 지역경제에도 긍정적인 파급효과를 가져온다.

여름철 관광수요는 지역경제를 활성화하는 중요한 동력이다. 그러나 안전한 이동이 담보되지 않으면 소비 역시 위축될 수밖에 없다. 이처럼 교통안전은 관광 활성화와 소상공인 매출 증대에 실질적인 영향을 미친다는 점에서 매우 중요하다.

국민의 생명과 안전을 지키는 일은 공공기관의 책임이자 경제 효율성과 직결된 사회적 투자다. 도로공사는 이번 여름, 고속도로 위 모든 여정이 안전으로 이어질 수 있도록 최선을 다하겠다.

운전자도 철저한 차량 점검과 교통법규 준수, 여유 있는 마음가짐으로 스스로와 가족의 생명을 지켜야 한다. 작은 실천과 배려가 인재(人災)를 막는 첫걸음이다.

15. GICC 2025, K-도로 세계화를 위한 마중물 역할 기대

(25.8.26, 대한경제)

세계 인프라 시장이 중대한 전환기를 맞고 있다. 과거 단일 인프라 중심의 개발에서 벗어나 다양한 교통수단이 유기적으로 연결되는 복합교통망 구축이 새로운 패러다임으로 자리 잡고 있다.

특히 도로와 철도 등 사회간접자본(SOC)의 융합은 단순한 교통 효율 향상을 넘어 물류 혁신과 탄소중립, 국가경쟁력 강화로 이어지는 핵심 전략으로 부상하고 있다.

이러한 변화 속에서 우리에게 주어진 과제는 명확하다. 국내 인프라를 안정적으로 운영하는 데 그치지 않고, 그동안 축적해 온 기술력과 경험, 민관 협업 역량을 바탕으로 세계 시장에서 새로운 활로를 모색해야 한다.

오는 9월 16일부터 17일까지 서울에서 열리는 '글로벌 인프라 협력회의(GICC)'는 이러한 도전의 물꼬를 트는 마중물이 될 것이다. 무엇보다 세계 시장 진출을 희망하는 우리 기업들에게는 해외 발주처와 직접 소통하고 신뢰를 구축함으로써 수주 가능성을 높이는 좋은 기회가 될 것이다.

국토교통부가 주최하고 해외건설협회가 주관하는 GICC는 2013년부터 매년 개최돼 온 국내 최대 규모의 인프라 협력 플랫폼이다. 이 행사에는 주요 발주국의 장·차관과 산업계 리더들이 방한해 자국의 인프라 개발 계획과 발주 예정 사업을 공유함으로써 실질적인 수주 기회를 창출하는 중요한 창구로 자리매김해 왔다.

고속도로 건설 및 유지관리 전문 공기업인 한국도로공사 역시 GICC를 적극적으로 활용하며 해외사업의 지평을 넓히고 있다. 지난해 10월 수주한 튀르키예 나카스~바샥셰히르 고속도로 투자사업은 대표적인 사례다. 총사업비 2조 원 규모의 이 프로젝트를 통해 도로공사는 국내 SOC 공기업 최초로 유럽 시장에 진출했고, 약 6천억 원 규모의 민간기업 동반 수주라는 역대 최고 실적을 달성했다.

이러한 성과는 단단한 신뢰 구축과 전략적 민관협업의 결과였다. 도로공사는 튀르키예 도로청장을 GICC에 초청해 1대1 CEO 면담과 교통관제센터 견학을 진행하며, 한국 기술의 우수성과 사업 참여 의지를 전달했다. 여기에 정부 주도의 민관 공동 투자 펀드와 민간기업의 시공 역량이 더해지며 '원팀코리아'의 성공 모델이 완성됐다.

도로공사는 이 경험을 발판 삼아 새로운 해외시장 진출을 적극 추진 중이다. 하지만 최근 해외 인프라 시장은 방글라데시 카르나풀리 도로·철도 교량 건설사업과 같은 융합형 발주와 기획·설계·운영·유지관리까지 포함된 '전 생애 주기형 사업 모델'이 주류를 이루면서 개별기관이나 기업의 역량만으로는 대응하기 어려운 구조로 변화하고 있다. 이에 따라 민관의 전략적 파트너십이 필수 조건으로 부상하고 있다.

이번 'GICC 2025'는 이러한 변화에 부응해 복합교통인프라 전략을 심도 있게 논의하는 장이 될 것이다. 특히 '국토를 잇는 두 축, 철도와 도로 : 함께 여는 스마트 모빌리티(디지털·AI)'를 주제로 한 특별 세션을 비롯해 고위급 양자·다자 면담, 사업 설명회, 1대1 비즈니스 미팅 등이 예정되어 있어 융합형 인프라 사업에 대한 국제적 협력과 연대가 본격화될 전망이다.

이러한 교류는 단순한 정보 교환을 넘어 향후 해외사업의 성공 가능성을 높이는 실질적인 기반이 된다는 점에서 'GICC 2025'에 대한 기대가 클 수밖에 없다.

오늘날 K-도로는 성밀한 유지관리 기술, 디지털 교통관제, 탄소저감형 설계 등에서 세계적으로 경쟁력 있는 모델로 진화하고 있다.

도로공사는 이번 행사를 통해 K-도로의 우수성을 적극 알리고, 다양한 국가 맞춤형 솔루션을 제공함으로써 지속가능한 성장을 도모해 나갈 계획이다. 아울러 국내외 인프라 기관 및 기업 간 협력을 강화함으로써 우리 기업들이 세계 무대에서 경쟁력을 발휘할 수 있도록 최선을 다하겠다.

이번 'GICC 2025'가 해외 발주처와의 신뢰를 바탕으로 혁신적인 협력 아이디어를 발굴하고, 실질적인 사업 성과로 이어지는 전환점이 되기를 기대한다.

K-고속도로 세계를 점령하다

발행 | 2026년 3월 3일

지은이 | 함진규

펴낸이 | 안서영

디자인 | 전혜민

펴낸곳 | 포아이알미디어

주소 | 경기도 수원시 팔달구 매산로 83, 8층 20호

출판등록 | 2023.6.26. 제2023-000079호

홈페이지 | 4irmedia.kr

ISBN 979-11-997811-1-5